Tomas Bohinc

Kommunikation im Projekt

Schnell, effektiv und ergebnisorientiert informieren

Tomas Bohinc

Kommunikation im Projekt

Schnell, effektiv und ergebnisorientiert informieren

Bibliografische Information der Deutschen Nationalbibliothek

Die Deutsche Nationalbibliothek verzeichnet diese Publikation
in der Deutschen Nationalbibliografie; detaillierte bibliografische
Daten sind im Internet über http://dnb.d-nb.de abrufbar.

ISBN 978-3-86936-558-9

Lektorat: Eva Gößwein, GABAL Verlag GmbH, Offenbach
Umschlaggestaltung: Martin Zech Design, Bremen | www.martinzech.de
Satz und Layout: Lohse Design, Heppenheim | www.lohse-design.de
Herstellung: BoD - Books on Demand, Norderstedt

www.gabal-verlag.de
www.twitter.com/gabalbuecher
www.facebook.com/Gabalbuecher

Abonnieren Sie den GABAL-Newsletter unter:
newsletter@gabal-verlag.de

Inhalt

Vorwort

11. April 1970: 55 Stunden und 54 Minuten nach dem Start der Raumkapsel Apollo 13 explodierte in 300 000 Kilometern Höhe ein Sauerstofftank. Die Ursache war ein unter zu hoher Spannung kurzgeschlossenes Thermostat. Weitere Untersuchungen deckten schließlich eine Reihe von Versäumnissen auf, die auf mangelnde Kommunikation im Projekt zurückzuführen waren.

Dieses Beispiel verdeutlicht, was allgemein bekannt ist: Kommunikation ist eine der wichtigsten Aufgaben eines Projektleiters. Mangelnde Kommunikation und unzureichende kommunikative Fähigkeiten zählen zu den Hauptgründen für das Scheitern von Projekten. Obwohl das eine bekannte Tatsache ist, werden bei der Kommunikation im Projekt immer wieder Fehler gemacht. Ziel dieses Buches ist es, diesen Widerspruch aufzulösen.

Das Thema Kommunikation begleitet den Projektleiter auf Schritt und Tritt. Er und sein Team kommunizieren mit Stakeholdern – also allen, die einen Einfluss auf den Verlauf des Projektes haben. Die Fähigkeit, zu kommunizieren, ist vor allem dann gefragt, wenn das Projekt nach außen vertreten werden muss: Auftraggeber oder Kunden müssen überzeugt werden.

Internationalisierung, Kosteneinsparungen und neue Arbeitsformen führen dazu, dass für die Kommunikation im Projekt immer mehr neue Kommunikationsmedien eingesetzt werden. E-Mails, Telefon- und Webkonferenzen sowie viele andere Formen der Internetkommunikation stellen neue Herausforderungen an die Kommunikationsfähigkeit des Projektleiters.

Dieses Buch gibt Ihnen einen Überblick über alle Aspekte der Kommunikation im Projekt. Ich hoffe, Ihnen damit zeigen zu können, wie Sie als Projektleiter die Kommunikation im Projekt professionell organisieren und mit Projektmitarbeitern und Stakeholdern effektiv und effizient kommunizieren können.

1. Theorien zur Kommunikation: Anspruch und Wirklichkeit

Wie reden Menschen mit Menschen?
Aneinander vorbei.

KURT TUCHOLSKY

Stellen Sie sich vor, die Kommunikation in Ihrem Projekt würde perfekt funktionieren. Und wenn nicht, dann wüssten Sie sofort, woran es liegt, und könnten das Problem mühelos aus der Welt schaffen. Sie kämen gut gelaunt ins Büro, weil Sie sich darauf freuen würden, mit Ihren Stakeholdern zu kommunizieren. Wenngleich Sie diesen Idealzustand vielleicht nicht sofort erreichen, mit mehr Wissen über Kommunikation können Sie diese zumindest besser organisieren und dabei auftretende Probleme lösen, indem Sie sie analysieren.

In diesem Kapitel erhalten Sie Antworten auf die folgenden Fragen:

- Durch welche Elemente wird die Kommunikation beeinflusst?
- Wie werden Nachrichten übermittelt?
- In welchem Verhältnis stehen Bewusstes und Unbewusstes?
- Welche Nachrichten werden übermittelt?
- Was muss man über Kommunikation wissen?
- Welche Botschaften empfängt der Empfänger?

Kommunikation ist Wirkung, nicht Absicht

Wir kommunizieren von der ersten Minute unseres Lebens an. Kommunikation ist für uns so selbstverständlich, dass wir uns in der Regel keine Gedanken darüber machen, wie sie funktioniert. Erst dann, wenn wir mit der Kommunikation nicht die gewünschte Wirkung erzielen, stellen wir uns vielleicht die Frage: Warum versteht man mich nicht?

Im Gespräch setzen wir immer schon voraus, dass bei unserem Gesprächspartner auch das ankommt, was wir ihm sagen wollen. Die vielen Missverständnisse in der Kommunikation zeigen jedoch, dass dem nicht immer so ist. Wir merken dies dann, wenn unser Gesprächspartner irritiert oder beleidigt ist. Mit dem Satz „Das habe ich nicht so gemeint" leiten wir den Versuch ein, unser Anliegen nochmals zu formulieren. So zeigt sich täglich, dass auch in der Kommunikation der Grundsatz von Ursache und Wirkung gilt, wobei die erzielte Wirkung nicht immer unserer Absicht entspricht.

Dennoch sind wir in Projekten darauf angewiesen, dass wir anderen Menschen etwas mitteilen und diese es genau so verstehen, wie wir es gemeint haben. Denn wäre dies nicht so, dann würde kein Projektauftrag im Sinne des Auftraggebers ausgeführt, kein Arbeitsauftrag richtig verstanden und kein Statusbericht korrekt interpretiert werden. In den Projekten funktioniert in der Regel die Kommunikation. Aber eben nicht immer! Das Tückische daran ist, dass wir es meist nicht merken, wenn dabei etwas schiefläuft. In der täglichen Projektpraxis müssen wir die Balance zwischen zwei Polen finden: Auf der einen Seite können wir die Kommunikation nicht ständig hinterfragen. Auf der anderen Seite sollten wir aber immer auf der Hut sein vor Missverständnissen.

Missverständnisse entdeckt man jedoch nur, wenn man weiß, wo sie auftreten können. Diese Tatsache war der Antrieb für viele Wissenschaftler unterschiedlichster Fachrichtungen, sich mit dem Thema Kommunikation zu befassen. Sie entwickelten Kommunikationsmodelle, die aus unterschiedlichsten Perspektiven beschreiben, wie Kommunikation funktioniert und welche Faktoren sie beeinflussen.

Kommunikationsmodelle erklären, wie die menschliche Kommunikation funktioniert und welche Faktoren sie beeinflussen.

Im Folgenden beschreibe ich verschiedene Annahmen über Kommunikation sowie fünf Modelle, mit denen die wichtigsten Facetten der Projektkommunikation beschrieben werden können.

Elemente der Kommunikation: die Lasswell-Formel

Der US-amerikanische Politik- und Kommunikationswissenschaftler Harold Dwight Lasswell formulierte 1948 eine nach ihm benannte Formel der Kommunikation. Sie fasst in einem Satz zusammen, welche Elemente Kommunikation formen, und lautet wie folgt:

Wer sagt was in welchem Kanal zu wem mit welchem Effekt?

Die einzelnen Elemente der Lasswell-Formel haben folgende Bedeutung:

Elemente der Lasswell-Formel

- *Wer sagt?* Dieser Satzteil beschreibt die Quelle der Information. Sie wird auch Sender genannt. Dieser kann eine Einzelperson sein, wie in einem persönlichen Gespräch, aber auch alle Stakeholder, wie bei einer Intranetseite zu einem Projekt.
- *Was?* Das Wort „was" bezeichnet den Inhalt der Kommunikation. Dieser reicht von der persönlichen Botschaft bis zum gesamten Projektinhalt. Neben dem Inhalt spielt auch die Art und Weise der Übermittlung eine Rolle. Es wird etwas anderes mitgeteilt, je nachdem, ob die Information sachlich erläutert wird oder mit ironischen Untertönen versehen ist.
- *In welchem Kanal?* Der Informationskanal verbindet Sender und Empfänger. Eine Botschaft kommt nur an, wenn Sender und Empfänger auf dem gleichen Kanal senden. Ganz praktisch heißt das: Wenn der Sender eine E-Mail verschickt, muss der Empfänger eine E-Mail-Adresse besitzen.

- *Zu wem?* Dieser Satzteil bezeichnet den Empfänger. Der Empfänger kann die Information nur aufnehmen, wenn sie so formuliert ist, dass er sie auch versteht. Der Empfänger des Projektplans muss diesen lesen und interpretieren können, damit er die darin enthaltenen Informationen versteht.
- *Mit welchem Effekt?* Es ist nicht nur wichtig, dass eine Information übermittelt wurde, sondern auch, welche Wirkung sie erzielt. Kommunikation im Projekt zielt immer auf eine Wirkung, denn der Empfänger soll etwas Bestimmtes tun oder zumindest sein Wissen oder seine Einstellung zu einem Sachverhalt verändern.

Kommunikations-kette

Kommunikation gelingt nur dann, wenn alle Elemente in der Kette aufeinander abgestimmt sind. Der österreichische Verhaltensforscher Konrad Lorenz hat die unterschiedlichen Hindernisse aufgezählt, die in einer Kommunikationskette, wie sie die Lasswell-Formel beschreibt, überwunden werden müssen:

Gedacht ist nicht gesagt.
Gesagt ist nicht gehört.
Gehört ist nicht verstanden.
Verstanden ist nicht gewollt.
Gewollt ist nicht gekonnt.
Gekonnt und gewollt ist nicht getan.
Getan ist nicht beibehalten.

Die Lasswell-Formel und die Kommunikationskette von Lorenz bedeuten für die Kommunikation im Projekt, dass es nicht ausreicht, eine Botschaft auszusenden, da es eigentlich auf die Wirkung der Botschaft ankommt. Erst wenn die Kommunikation die beabsichtigte Wirkung erreicht hat, ist sie gelungen. Kommunikation ist deshalb nicht Absicht, sondern Wirkung.

Achten Sie immer darauf, was Sie mit Ihrer Nachricht bewirken. Ist es nicht das, was Sie beabsichtigt haben, dann unternehmen Sie einen neuen Versuch. Und dies so lange, bis der Empfänger so reagiert, wie Sie es beabsichtigt haben.

Nachrichtenübermittlung: das Sender-Empfänger-Modell

Die Nachrichtentechnik stand Pate beim Kommunikationsmodell von Warren Weaver und Claude Elwood Shannon, das diese 1949 entwickelten. Das sogenannte Sender-Empfänger-Modell ist die Basis für viele andere Kommunikationsmodelle. Es ist in Abbildung 1 wiedergegeben.

Sender-Empfänger-Modell

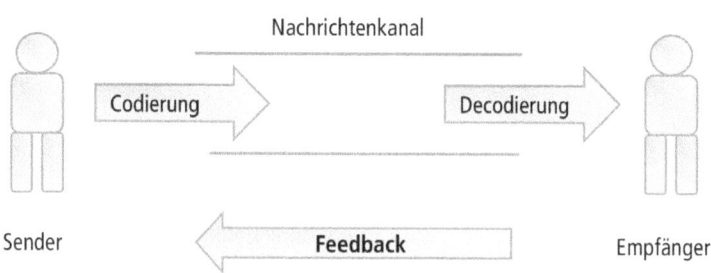

Abb. 1: Das Sender-Empfänger-Modell erklärt, wie Nachrichten übermittelt werden.

Dieses Modell geht davon aus, dass es bei der Kommunikation zwei unterschiedliche Rollen gibt: einen Sender und einen Empfänger. Jeder kann beide Rollen einnehmen. Wenn jemand eine Nachricht an einen anderen übermittelt, ist er Sender, wenn er eine Nachricht erhält, Empfänger. Zwischen beiden gibt es einen Nachrichtenkanal. Damit darüber eine Nachricht übermittelt werden kann, muss der Sender die Nachricht codieren und der Empfänger muss sie wieder decodieren. Die Kommunikation ist dann erfolgreich, wenn Sender und Empfänger den gleichen Code verwenden. Sie verstehen sich nicht, wenn ihr Code unterschiedlich ist, zum Beispiel wenn sie verschiedene Sprachen sprechen, Begriffe unterschiedlich interpretieren oder die Mimik und Gestik des Gesprächspartners falsch deuten.

Rollen in der Kommunikation

Die Abkürzung CV bedeutet bei der Budgetplanung im Projekt „Cost Variance". Aber bei einer Bewerbung ist damit der Lebenslauf, das Curriculum Vitae, gemeint.

Nach dem Sender-Empfänger-Modell ist Kommunikation keine Einbahnstraße. Es gibt auch einen Rückkanal, das sogenannte Feedback, an dem der Sender erkennen kann, ob der Empfänger die Nachricht richtig verstanden hat.

 Achten Sie darauf, dass Sie die gleiche Sprache sprechen wie Ihr Gesprächspartner. Um Missverständnisse zu vermeiden, spiegeln Sie immer wieder zurück, was Sie verstanden haben, und fragen Sie nach, wenn Ihnen Aussagen unklar sind.

Nachrichtenauswahl: das Gatekeeper-Modell

Ein Gatekeeper ist ein Torwächter und die metaphorische Bezeichnung für einen Faktor, der bei einem Entscheidungsprozess die Auswahl bestimmt. Das Gatekeeper-Modell von Bruce Westley und Malcolm McLean beschreibt die Nachrichtenübermittlung als einen selektiven Prozess. Es ist in Abbildung 2 dargestellt.

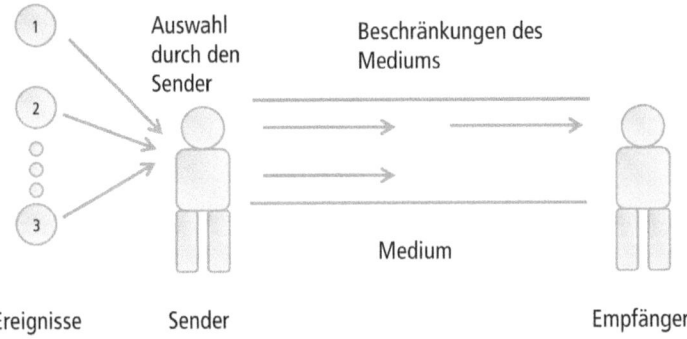

Abb. 2: Der Empfänger erhält eine mehrfach selektierte Information.

Auswahlprozesse bei der Kommunikation

Der Sender wählt aus einer Vielzahl von Dingen, die er kommunizieren möchte, sogenannten Ereignissen, einige aus und macht daraus eine Botschaft. Welche Botschaft er übermittelt, ist durch seine eigenen Interessen bestimmt. Auch das Medium ist nicht neutral. Es selektiert ebenfalls die vom Sender angebotenen Botschaften. Eine

Telefonleitung überträgt zum Beispiel keine Bilder. Der Empfänger erhält eine Botschaft, die aber nicht mehr dem ursprünglichen Ereignis entspricht, sondern durch Auswahlprozesse verändert wurde. Selbst wenn der Empfänger die Nachricht richtig decodiert, bedeutet dies nicht unbedingt, dass er über alles informiert ist.

„Bitte rufen Sie Herrn Mayer auf seinem Handy an!", mailt der Projektleiter einem Teammitglied. Diesem fehlt jedoch eine wichtige Information, ohne die er Herrn Mayer nicht anrufen kann: die Handynummer. Stillschweigend hat der Projektleiter vorausgesetzt, dass sein Mitarbeiter diese hat.

Überlegen Sie bewusst, was Sie sagen wollen, und achten Sie darauf, dass das Kommunikationsmedium auch Ihre Botschaften richtig übermittelt.

Nachrichtenumfang: das Eisbergmodell

Die sogenannte Eisbergmetapher stammt von Ernest Hemingway. Er war der Auffassung, dass es reiche, wenn in seinen Werken, wie bei einem Eisberg, nur ein Achtel sichtbar ist, also explizit erzählt wird, weil der Rest, der sozusagen unter der Wasseroberfläche liegt, vom Publikum auch so erkannt würde. In Abbildung 3 ist das Eisbergmodell der Kommunikationstheorie nach Floyd L. Ruch und Philip G. Zimbardo abgebildet.

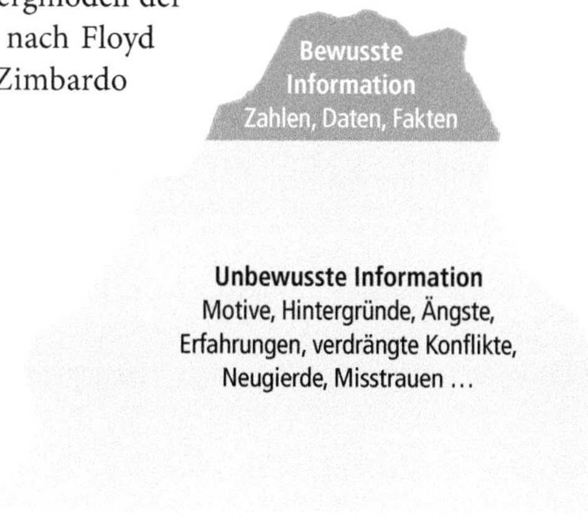

Eisbergmetapher

Bewusste Information
Zahlen, Daten, Fakten

Unbewusste Information
Motive, Hintergründe, Ängste, Erfahrungen, verdrängte Konflikte, Neugierde, Misstrauen …

Abb. 3:
Wie beim Eisberg sehen wir nur einen kleinen Teil des Ganzen.

Das Eisbergmodell veranschaulicht, dass nur ein kleiner Teil der Informationen, die bei der Kommunikation eine Rolle spielen, den Beteiligten bewusst ist. Der größte Teil der Informationen, etwa viele Handlungsmotive, bleibt dagegen unbewusst. Diesen nehmen weder Sender noch Empfänger in der Kommunikation wahr. Nach der 80/20-Regel – auch Paretoprinzip genannt – nimmt man an, dass nur 20 Prozent der Informationen über der Wasseroberfläche liegen und die restlichen 80 Prozent darunter.

Von den Projektmitgliedern wissen Projektleiter den Namen, die wichtigsten Stationen der Berufslaufbahn und welche Aufgabe sie im Projekt haben. Viele andere Dinge, wie zum Beispiel was sie in der Freizeit tun, sind den meisten Projektleitern unbekannt. Sie wissen beispielsweise nicht, dass ein Projektmitglied gerne liest und eine Vorliebe für eine blumige Sprache hat, sich deshalb aber im Projektgeschäft schwertut, Dinge kurz und präzise zu formulieren.

Entwickeln Sie eine Sensibilität für die verborgenen Gründe und Motive, welche die Handlungen der Menschen im Projekt bestimmen.

Annahmen über die Kommunikation: Kommunikationsaxiome

„Man kann nicht nicht kommunizieren" ist ein immer wieder zitierter Satz von Paul Watzlawick, einem österreichischen Kommunikationswissenschaftler. Neben diesem Axiom über Kommunikation hat er noch vier weitere formuliert, mit denen er erklärt, wie Kommunikation funktioniert.

Axiom 1: „Man kann nicht nicht kommunizieren."
Kommunikation ist für Watzlawick eine Form des sozialen Verhaltens. Sobald zwei Personen sich gegenseitig wahrnehmen können, kommunizieren sie miteinander. So wie es nicht möglich ist, sich gegenüber jemandem nicht zu verhalten, ist es auch unmöglich, nicht zu kommunizieren.

Ein Teilnehmer des Meetings sitzt schon im Meetingraum, als ein ande-
rer hereinkommt und sagt: „Guten Morgen, bin ich hier richtig im Kick-
off-Meeting?" Der andere Teilnehmer schweigt und arbeitet weiter am
Notebook. Auch dies ist eine Antwort: Sie könnte etwa so lauten: „Ich
habe etwas Wichtiges zu tun und möchte jetzt nicht gestört werden."

Achten Sie darauf, wie Sie sich zu Ihren Gesprächspartnern verhalten, sowie auf deren Verhalten. Übersetzen Sie das Verhalten
in eine Nachricht. Überlegen Sie, wie Sie darauf reagieren wollen.

Axiom 2: „Jede Kommunikation hat einen Inhalts- und einen Beziehungsaspekt, wobei Letzterer den Ersteren bestimmt."

Mit jeder Nachricht übermitteln wir eine Botschaft auf zwei Ebenen:
eine Sachinformation, die den Inhalt der Kommunikation beschreibt, und einen Hinweis, wie der Sender seine Beziehung zum
Empfänger sieht. Der Inhaltsaspekt stellt dar, was mitgeteilt wird,
und der Beziehungsaspekt beschreibt, wie der Sender die Botschaft
verstanden haben möchte. Die gleiche Nachricht kann so unterschiedliche Bedeutung erhalten.

Es macht einen Unterschied, ob ein Projektleiter seinem Projektmit-
arbeiter in einer E-Mail mitteilt: „Das Arbeitspaket sollte bis Freitag
bearbeitet sein, okay?" Oder ob ein Kollege schreibt: „Das Arbeits-
paket sollte bis Freitag bearbeitet sein. Liebe Grüße." Der Projektleiter
meint: „Ich erwarte, dass das Arbeitspaket am Freitag bearbeitet ist."
Der Kollege meint: „Es wäre schön, wenn du das Arbeitspaket bis Frei-
tag bearbeitet hast." Nur wenn beide Ebenen beim Empfänger richtig
ankommen, gelingt die Kommunikation. Sie misslingt, wenn der Emp-
fänger die Botschaften des Senders anders interpretiert, als sie vom
Sender gemeint sind.

Machen Sie sich bewusst, in welcher Beziehung Sie zu Ihrem
Gesprächspartner stehen und wie er zu Ihnen steht. Denn diese
Beziehung ist die Grundlage dafür, wie die Nachricht zu inter-
pretieren ist.

Axiom 3: „Die Struktur der Kommunikation wird durch die Interpunktion der Kommunikationspartner bestimmt."

Jede Kommunikation ist im Prinzip eine ununterbrochene Folge von Mitteilungen. Eine Struktur erhält die Kommunikation, indem jeder Kommunikationspartner für sich entscheidet, wann ein Kommunikationsablauf beginnt. Praktisch bedeutete das: Der Sender bestimmt, wann für ihn eine Kommunikationsfolge beginnt. Der Empfänger tut dies unabhängig von der Entscheidung des Senders ebenfalls. Die Kommunikation gelingt nur dann, wenn beide Partner die Kommunikation in gleiche Abschnitte einteilen. Man kann dieses Axiom auch das Henne-Ei-Problem der Kommunikation nennen.

Der Projektleiter ist viel auf Reisen und beantwortet seine E-Mails mit einem Blackberry. Einem Projektmitarbeiter ist der Auftrag nicht klar. Er stellt in langen Mails ausführliche Fragen. Darauf bekommt er aber immer nur kurze Antworten, die für ihn unbefriedigend sind. Dies ist der Anlass für weitere Fragen. Der Projektleiter ist von den Fragen genervt und beantwortet sie immer knapper. Für den Projektleiter sind die Fragen der Anlass für sein Verhalten, für den Projektmitarbeiter die kurzen Antworten. Die Kommunikation misslingt, weil beide dem jeweils anderen die Schuld für die misslungene Kommunikation zuschieben.

 Achten Sie darauf, von welchen Voraussetzungen ihr Kommunikationspartner ausgeht, und schreiben Sie ihm nicht vorschnell die Schuld für eine misslungene Kommunikation zu.

Axiom 4: „Menschliche Kommunikation bedient sich digitaler und analoger Modalitäten."

Watzlawick bezeichnet die verbale Äußerung als „digitale Modalität" und die nonverbale Äußerung als „analoge Modalität". Das Axiom 4 bedeutet also: Kommunikation erfolgt nicht nur durch das gesprochene oder das geschriebene Wort, sondern auch durch nonverbale Äußerungen wie Mimik und Gestik. Selbst wenn wir wegsehen, teilen wir etwas mit, zum Beispiel, dass wir auf eine Botschaft nicht antworten wollen oder peinlich berührt sind. Die

Inhaltsebene, das heißt das gesprochene oder geschriebene Wort, wird in der Regel durch die digitale Kommunikation vermittelt. Die Beziehungsebene wird dagegen hauptsächlich durch analoge Elemente, wie Mimik und Gestik, transportiert.

Es ist ein Unterschied, ob der Projektleiter den Satz „Kommen Sie in mein Büro" mit einem Lächeln oder mit einem mürrischen Gesichtsausdruck sagt. Im ersten Fall hat er ein gutes Verhältnis zum Projektmitarbeiter und wahrscheinlich eine gute Nachricht. Im zweiten Fall könnte der Projektmitarbeiter etwas falsch gemacht haben.

Achten Sie nicht nur darauf, was Sie sagen, sondern auch darauf, welche Körperhaltung Sie einnehmen und mit welcher Mimik und Gestik Sie sprechen.

Axiom 5: „Zwischenmenschliche Kommunikationsabläufe sind entweder symmetrisch oder komplementär."

Die Kommunikationspartner stehen immer in einer Beziehung zueinander. Eine Beziehung, in der sich die Partner bemühen, Ungleichheiten untereinander möglichst klein zu halten, ist symmetrisch. Üblicherweise ist die Kommunikation unter Kollegen symmetrisch.

Symmetrische Kommunikation

In einer komplementären Beziehung muss sich das Verhalten ergänzen, damit die Kommunikation gelingt. Die Kommunikation des Projektleiters in seiner Rolle als Führungskraft im Projekt gegenüber seinen Mitarbeitern ist asymmetrisch.

Komplementäre Kommunikation

Auf die Aussage „Das Arbeitspaket sollte bis Freitag bearbeitet sein" erwartet der Projektleiter die Antwort „Selbstverständlich bin ich bis Freitag fertig" oder „Ich werde bis Freitag nicht fertig, weil …". Die Kommunikation ist komplementär. Bei einem Kollegen ist die Kommunikation symmetrisch und die folgende Antwort wäre ebenfalls in Ordnung: „Ich werde mich bemühen. Du weißt, ich tue immer mein Bestes, versprechen kann ich es dir aber nicht."

Kommunizieren Sie beziehungsgerecht: symmetrisch zu Gesprächspartnern auf der gleichen Ebene, komplementär zu Vorgesetzten und Projektmitarbeitern.

Die vier Seiten einer Nachricht: der Kommunikationsquadrant und das 4-Ohren-Modell

Das Buch *Miteinander Reden* von Friedemann Schulz von Thun ist eines der meistverkauften Bücher über Kommunikation. Dort beschreibt er ein Kommunikationsmodell, das zum Repertoire eines jeden Kommunikationstrainers gehört. Der Erfolg des Modells beruht darauf, dass Schulz von Thun die Ansätze mehrerer Kommunikationsmodelle und Theorien wie zum Beispiel das Sender-Empfänger-Modell und den Beziehungsaspekt von Watzlawick in sein Modell integriert hat. Sein Modell setzt sich aus zwei Teilen zusammen, die sich gegenseitig ergänzen: dem Kommunikationsquadranten und dem 4-Ohren-Modell. Dieses Kommunikationsmodell ist in Abbildung 4 dargestellt.

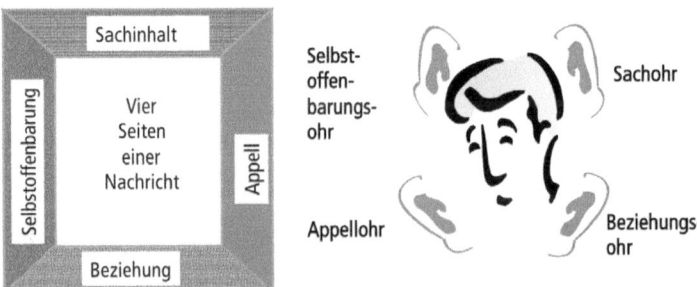

Abb. 4: Jede Nachricht hat vier Seiten: das Kommunikationsmodell von Schulz von Thun.

Der Kommunikationsquadrant

Nach dem Kommunikationsmodell von Schulz von Thun wird über den Kommunikationskanal nicht nur eine Nachricht, sondern ein ganzes Nachrichtenpaket übermittelt. Dieses Paket enthält die folgenden Elemente:

- Sachaspekt
- Beziehungsaspekt
- Selbstoffenbarungsaspekt
- Appellaspekt

Bei jeder Kommunikation, sogar bei einem einzelnen Satz, sind immer alle Aspekte gleichzeitig im Spiel. Neben der sprachlichen Formulierung schwingen noch Mimik und Gestik, Wortwahl und Betonung mit. So hat der Satz „Ich möchte den Projektauftrag mit Ihnen klären" vier verschiedene Bedeutungen. Unter dem Sachaspekt gesehen bedeutet diese Nachricht: „Ich möchte den Auftrag so konkret wie möglich mit Ihnen klären."

Sachaspekt

Unter dem Beziehungsaspekt gesehen könnte die Nachricht lauten: „Ich bin von Ihnen abhängig, um den Auftrag durchzuführen." Der Beziehungsaspekt einer Nachricht sagt aus, was der Sender vom Empfänger hält (wie er ihn sieht) und wie der Sender die Beziehung zwischen sich und dem Empfänger definiert. Der Sender sagt: „So stehen wir zueinander."

Beziehungsaspekt

Unter dem Selbstoffenbarungsaspekt betrachtet sagt der Projektleiter: „Ich habe noch nicht genau verstanden, was Sie wollen." In jeder Nachricht steckt ein Stück Selbstoffenbarung des Senders. Dies kann gewollt sein, dann ist es Selbstdarstellung, oder ungewollt, dann ist es Selbstenthüllung. Ein wichtiges Mittel der Selbstoffenbarung ist die Körpersprache. Durch Mimik, Gestik und Kleidung können wir dem Empfänger zeigen: „So bin ich."

Selbstoffenbarungsaspekt

In jeder Nachricht steckt darüber hinaus noch ein Appell. Dieser heißt hier: „Sagen Sie mir alles, was Sie über den Auftrag wissen." Mit dem Appell machen wir deutlich, was wir mit der Aussage erreichen wollen. Mit ihm nehmen wir Einfluss auf den Empfänger. Dieser Einfluss kann offen, aber auch verdeckt sein. In unserem

Appellaspekt

Beispiel ist er verdeckt. Durch den Satz „Erklären Sie mir alle Punkte, die für die Ausführung des Auftrags wichtig sind!" hätte der Projektleiter einen offenen Appell ausgesprochen.

Der Projektleiter sagt einem Projektmitarbeiter: „Ich möchte bis heute Abend wissen, bis wann Sie das Arbeitspaket fertig haben." Dies ist die Sachbotschaft. Die Selbstoffenbarung des Projektleiters ist: „Ich will alles im Griff haben." Auf der Beziehungsebene teilt er mit: „Ich habe hier das Sagen." Und der Appell ist eindeutig: „Machen Sie sich an die Arbeit!"

Das 4-Ohren-Modell

So wie der Sender vier Sendekanäle hat, den Sachkanal, den Beziehungskanal, den Selbstoffenbarungskanal und den Appellkanal, so besitzt auch der Empfänger vier Kanäle oder vier Ohren:

- Sachohr
- Beziehungsohr
- Selbstoffenbarungsohr
- Appellohr

Nach dem 4-Ohren-Modell versucht das Sachohr den Sachinhalt der Nachricht zu ermitteln. Dagegen sucht das Beziehungsohr zu ergründen, wie der Sender zum Empfänger steht. Das Selbstoffenbarungsohr fragt, was der Sender über sich preisgibt, und das Appellohr hört genau hin, was der Empfänger denken, tun oder fühlen soll.

Das Ohr bestimmt, was wir hören

Die Nachricht „Ich möchte mit Ihnen den Projektauftrag klären" bekommt durch die vier Ohren jeweils eine spezifische Bedeutung. Der Gesprächspartner wird sich fragen: „Will er mit mir Sachfragen klären?" Bei dieser Frage hört er mit dem Sachohr hin. „Will er mir zeigen, dass er hier die Führung im Gespräch hat?" Damit wird das Beziehungsohr angesprochen. „Will er mir zeigen, wie professionell sein Unternehmen das Projekt durchführt?" Fragt er so, dann ist das Selbstoffenbarungsohr ganz offen. „Was will er von mir wissen?" Durch diese Frage wird das Appellohr angesprochen.

Auf welchem Ohr wir eine Nachricht hören ist von unserer Erfahrung und von der jeweiligen Situation abhängig. Damit erhält jede Nachricht eine durch den Empfänger und die Gesprächssituation bedingte Prägung. Ein Empfänger, der nur auf dem Sachohr hört, wird nicht feststellen, dass hinter Sachinformationen emotionale Probleme liegen können. Ein Empfänger, der vorwiegend auf dem Beziehungsohr hört, wird dagegen hinter jeder Sachaussage des Senders ein Beziehungsproblem entdecken. Hört der Sender nur auf dem Selbstoffenbarungsohr, wird er nur den Sender sehen, nicht aber das, was dieser mitteilen will. Und hört er schließlich nur auf dem Appellohr, so wird er in jeder Information sofort eine Aufforderung zum Handeln sehen.

In welcher Weise die Ohren des Empfängers eingestellt sind, hängt davon ab, was der Empfänger von sich selbst hält, was er in der Situation des Senders gesagt und gemeint hätte und welches Bild er von dem Sender hat.

Ein Mensch, der ein geringes Selbstwertgefühl hat, wird beispielsweise zu der Ansicht neigen, dass andere ihn nicht wertschätzen. Hat er generell den Eindruck, immer kritisiert zu werden, so vermutet er auch bei jeder Äußerung, dass der Sender ihn kritisiert.

Der Projektleiter fragt: „Bis wann haben Sie das Arbeitspaket fertig?"
Aus seiner Sicht möchte er selbstbewusst erscheinen, seine Führungsrolle deutlich machen und klar sagen, was er will.

Der Projektmitarbeiter könnte Folgendes gehört haben: Sachohr: „Der Projektleiter will wissen, bis wann ich das Arbeitspaket fertig habe."
Selbstoffenbarungsohr: „Er ist hier der Chef." Beziehungsohr: „Ich habe zu machen, was der Chef sagt." Appellohr: „Ich muss ihm heute Abend den Projektplan für das Arbeitspaket zeigen." In diesem Fall stimmen gesendete und empfangene Nachricht überein.

Etwas anders sieht es aus, wenn der Projektleiter gefragt hätte: „Können Sie mir sagen, bis wann Sie das Arbeitspaket fertig haben?" Hier drückt die Selbstoffenbarung Unsicherheit aus, auf der Beziehungsebene ist der Projektleiter sich nicht sicher, ob der Projektmitarbeiter wirklich alles macht, was er sagt, und der Appell ist indirekt formu-

liert. Der Projektmitarbeiter hört dann auf dem Selbstoffenbarungs-
ohr: „Ich bin in meiner Rolle unsicher." Auf dem Beziehungsohr: „Ich
werde bei Ihnen nicht als Führungskraft anerkannt." Und auf dem
Appellohr: „Ich bin schon zufrieden, wenn ich den Projektplan irgend-
wann bekomme."

Hören Sie genau zu. Die Kunst des Zuhörens besteht darin, auf
dem richtigen Ohr – bzw. den richtigen Ohren – hinzuhören.

Gute Kommunikation im Projekt

Gute Kommunikation im Projekt muss nicht perfekt sein. Jedoch
sollten Sie in der Lage sein, zu bemerken, wenn etwas nicht stimmt.
Die Kommunikationsmodelle helfen Ihnen, problematische Situationen zu analysieren. Je öfter Sie dies tun, umso aufmerksamer
werden Sie für Störungen in der Kommunikation.

Die Fähigkeit zur Kommunikation bringen Sie mit. Wichtig ist aber,
dass Sie diese weiterentwickeln und professionalisieren. Die folgende Checkliste nennt die wichtigsten Kompetenzen und Verhaltensweisen für eine gute Kommunikation im Projekt.

So verbessern Sie die Kommunikation im Projekt:

- Sprechen Sie mit dem Empfänger Ihrer Nachricht eine gemeinsame Sprache.
- Wählen Sie den passenden Kommunikationskanal.
- Hören Sie gut zu und geben Sie dem Sender der Nachricht Feedback.
- Übermitteln Sie alle Informationen, die der Empfänger braucht, um
  Ihre Nachricht zu verstehen.
- Stellen Sie Fragen, wenn Sie etwas nicht verstanden haben.
- Fassen Sie Gespräche und Diskussionen zusammen und bringen Sie das
  Ergebnis auf den Punkt.
- Erkennen Sie Störungen und reagieren Sie darauf.

Mit dem Satz „Wer sagt was in welchem Kanal zu wem mit welchem Effekt?" werden die wichtigsten **Elemente der Kommunikation** benannt.

Die Kommunikationspartner agieren als **Sender und Empfänger** in der Kommunikation und verstehen sich dann, wenn beide die gleiche Sprache sprechen und die Nachrichten in gleicher Weise interpretieren.

Die **Nachrichtenübermittlung** ist ein Auswahlprozess. Der Sender wählt aus allen möglichen Nachrichten die aus seiner Sicht relevante aus, der Übertragungskanal beeinflusst die gesendeten Nachrichten und der Empfänger nimmt nur die Nachrichten auf, die für ihn interessant sind.

Nur ein Teil der Information wird übermittelt. Daneben gibt es noch einen großen Teil nicht übermittelter verborgener Motive, die sich wie bei einem **Eisberg** unter der Oberfläche befinden.

Jedes Mal, wenn Menschen miteinander in Kontakt sind, kommunizieren sie miteinander. Deshalb **kann man nicht nicht kommunizieren.**

Jede übermittelte Nachricht hat vier Seiten: einen **Sachaspekt,** einen **Selbstoffenbarungsaspekt,** einen **Beziehungsaspekt** und einen **Appellaspekt.**

Beim Hören einer Nachricht setzen wir unterschiedliche Schwerpunkte, je nachdem, ob wir mit dem **Sachohr,** dem **Selbstoffenbarungsohr,** dem **Beziehungsohr** oder dem **Appellohr** hinhören.

2. Kommunikations-management: die Kommunikation im Projekt organisieren

*Wenn du es nicht geschafft hast, dich vorzubereiten,
bist du vorbereitet zu scheitern.*

BENJAMIN FRANKLIN

Wäre es nicht perfekt, wenn jeder Stakeholder genau die Information bekommt, die er braucht, und nur diese? Und dazu noch in der Form, die er sich wünscht? Die Zufriedenheit mit Ihrem Projekt würde steigen. Es gäbe weniger Misstrauen, denn die Stakeholder könnten darauf vertrauen, dass sie gut informiert sind. All dies können Sie erreichen, wenn das Kommunikationsmanagement in Ihrem Projekt gut funktioniert.

In diesem Kapitel erhalten Sie Antworten auf die folgenden Fragen:

- Wie funktioniert die Kommunikation im Projekt?
- An wen richtet sich die Kommunikation?
- Wer ist im Projekt für die Kommunikation zuständig?
- Wie werden Informationen verteilt?

Kommunikationsprozesse: die Kommunikation im Projekt regeln

Kommunikations-kanäle

Kommunikationsmanagement im Projekt ist eine herausfordernde Aufgabe. Und diese wächst mit der Größe des Projektes, denn je nach Größe gilt es, immer mehr Kommunikationskanäle zu managen: Ein kleines Projekt mit vier Stakeholdern hat sechs Kommunikationskanäle, ein Projekt mit 50 Stakeholdern schon 1225. Ihre Anzahl wird mit der folgenden Formel, in der n die Anzahl der Stakeholder bezeichnet, berechnet:

$$\text{Anzahl der Kommunikationskanäle} = n \cdot \frac{(n-1)}{2}$$

Diese Formel bedeutet, dass jedes einzelne Projektmitglied zu jedem anderen Projektmitglied einen Kommunikationskanal hat. Es gibt also von jedem einzelnen Projektmitglied ausgehend so viele Kommunikationskanäle, wie es andere Mitglieder im Projekt gibt. So kann schnell eine große Anzahl an Kommunikationskanälen entstehen.

Jetzt müssen Sie aber nicht erschrecken. Viele Kommunikationskanäle können Sie nämlich einfach zusammenfassen, weil nicht jedes Projektmitglied mit jeder Information individuell versorgt werden muss. Die Kunst besteht darin, die Kommunikationskanäle effektiv zusammenzufassen.

Projektkommunikation ist der Prozess, durch den alle am Projekt Beteiligten die für sie wichtigen Informationen bekommen. Sie bildet die Brücke zwischen allen, die einen Einfluss auf die Projektdurchführung oder das Projektergebnis haben.

Effektivität der Kommunikation

Die Kommunikation im Projekt ist dann effektiv, wenn die Informationen im richtigen Format zur richtigen Zeit zur richtigen Zielgruppe mit der beabsichtigten Wirkung übermittelt werden. Darüber hinaus zeichnet sich effektive Kommunikation auch dadurch aus, dass keine unnötigen Informationen übermittelt werden, sondern nur die, welche tatsächlich benötigt werden.

So berücksichtigen Sie die Einflussfaktoren der Kommunikation:

░ Wer benötigt welche Informationen?
░ Wer darf welche Informationen bekommen?
░ Wann werden die Informationen benötigt?
░ Welche Informationen müssen gespeichert werden?
░ Wie und für wen sind die gespeicherten Informationen zugänglich?
░ Müssen Zeitzonen, Sprachen oder kulturelle Einflussfaktoren berücksichtigt werden?

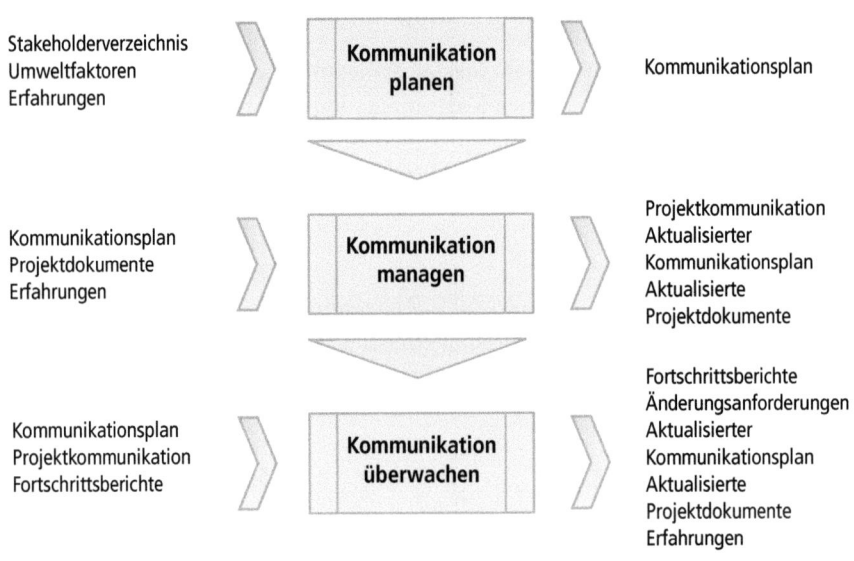

Abb. 5: Mit den Kommunikationsprozessen erhält jeder die richtige Information. (Quelle: PMBOK® Guide)

Einen Überblick über die Kommunikationsprozesse gibt Ihnen die nach dem PMBOK® Guide entworfene Abbildung 5. Sie macht auch deutlich, welche Rolle der Projektleiter dabei übernimmt. Im Projekt hat der Projektleiter die folgenden Aufgaben:

░ **Kommunikation planen:** Zu Beginn des Projektes plant der Projektleiter die Kommunikation. Diese ist dann gut geplant, wenn dadurch die Informationsbedürfnisse der Stakeholder mit den zur Verfügung stehenden Kommunikationsmitteln befriedigt werden.

- **Kommunikation managen:** Während der Projektlaufzeit stellt der Projektleiter sicher, dass Informationen so erstellt, gesammelt, verteilt und gespeichert werden, wie es im Kommunikationsplan beschrieben ist.
- **Kommunikation überwachen:** Es reicht jedoch nicht aus, die Kommunikationsprozesse nur zu managen. Der Projektleiter muss sie auch überwachen und überprüfen, ob alle am Projekt Beteiligten die für sie relevanten Informationen erhalten.

Grundlage für die Kommunikationsplanung sind:

- **Stakeholderverzeichnis:** Im Stakeholderverzeichnis sind alle Stakeholder mit ihren Kommunikationsbedürfnissen zusammengefasst.
- **Umweltfaktoren:** Die Projektkommunikation findet in einem Unternehmen statt und unterliegt auch dessen Kommunikationsregeln und Gepflogenheiten. Dazu zählen zum Beispiel Regeln für den E-Mail-Verkehr, Vorlagen für Präsentationen oder Meetingstrukturen.
- **Erfahrungen:** Die Planung der Kommunikation sollte auch immer die Erfahrungen aus anderen Projekten berücksichtigen. Dadurch können Best Practices genutzt und Fehler vermieden werden.

Im Kommunikationsplan werden die folgenden Informationen zusammengeführt: die Wichtigkeit der Stakeholder und deren Informationsbedürfnisse, die Möglichkeiten der Informationsübermittlung und die Rahmenbedingungen, die im Projekt für die Kommunikation gelten. Kommunikationspläne werden mit einer Tabelle dargestellt; ein Beispiel zeigt die Abbildung 6.

Kommunikationsplan

Der Kommunikationsplan ist ein Teil des Projektplans und beschreibt Art, Umfang, Detaillierungsgrad, Häufigkeit und Verteiler von Projektdokumenten und Berichten.

Kommunikationsplan

Stakeholder	Information	Grund	Häufigkeit	Medium	Verantwortlich
Personalchef	Arbeitsstatus	Projekt- fortschritt	Wöchentlich	Statusbericht	Projektleiter
Projektteam	Auftrag Projektplan Statusbericht	Arbeitsinhalt Projekt- fortschritt	Wöchentlich	Projekt- dokumentation	Projektoffice
Teamleiter	Auftrag Projektplan Statusbericht	Arbeitsinhalt Projekt- fortschritt	2-mal in der Woche	Projekt- dokumentation	Projektoffice
Leiter Gebäude- management	Arbeitsstatus	Arbeits- fortschritt	Monatlich	Kurzfassung Status als E-Mail	Projektleiter
Leiter Betrieb	Arbeitsstatus	Arbeits- fortschritt	Monatlich	Kurzfassung Status als E-Mail	Projektleiter
Führungs- kräfte	Projektinhalt Implemen- tierungs- zeitplan	Motivation Vorbereitung auf neues System	2 Monate vor der Imple- mentierung	E-Mail	Teilprojekt Kommunikation
Mitarbeiter	Projektinhalt Implemen- tierungs- zeitplan	Motivation Vorbereitung auf neues System	Imple- mentierung	Intranet	Teilprojekt Kommunikation
Sekretariate	Projektinhalt Implemen- tierungs- zeitplan	Motivation Vorbereitung auf neues System	2 Monate vor der Imple- mentierung	E-Mail	Teilprojekt Kommunikation
Leiter Kommunikation	Arbeitsstatus	Vorbereitung Kommunikation Implementierung	Monatlich	Kurzfassung Status als E-Mail	Projektleiter

Abb. 6: Der Kommunikationsplan steuert die Kommunikation im Projekt.

Diese Informationen sollten im Kommunikationsplan stehen:

- Information, welche übermittelt werden soll, einschließlich Sprache, Format und Detaillierungsgrad
- Grund für die Informationsübermittlung
- Übermittlungshäufigkeit und Zeitraum für die Übermittlung einschließlich einer Angabe, wann eine Antwort erwartet wird
- Verantwortliche für die Kommunikation einschließlich der Verantwortung für die Freigabe bei vertraulichen Informationen
- Zielgruppe der Information
- Kommunikationsmedium
- Eskalationsprozesse bei Konflikten
- Art und Weise der Anpassung des Kommunikationsplans
- Glossar mit den verwendeten Fachbegriffen und Abkürzungen
- Kommunikationseinschränkungen durch Gesetze, Unternehmensgrundsätze und verwendete Technologie

Der Kommunikationsplan sollte allen Stakeholdern zur Verfügung stehen, damit sie sehen können, wer wie informiert wird. Vor allem drei Personen bzw. Gruppen von Personen nutzen den Kommunikationsplan. **Nutzung des Kommunikationsplans**

- **Der Projektleiter:** Für ihn ist der Kommunikationsplan das Instrument, um die Kommunikation zu steuern.
- **Die Teammitglieder:** Für sie ist der Kommunikationsplan die Basis, um ihre eigene Kommunikation zu steuern. Sie entnehmen dem Kommunikationsplan, wen sie wie und wann informieren müssen und von wem sie welche Informationen erhalten.
- **Das Management:** Manager sollten eine auf sie zugeschnittene Version des Kommunikationsplans erhalten, damit sie wissen, von welchen Experten sie Informationen direkt erfragen können.

Mit dem Kommunikationsplan wird die Kommunikation im Projekt gemanagt. Kommunikationsmanagement bedeutet, Informationen zu erstellen, zu sammeln, zu verteilen, zu speichern und bereitzustellen. Dadurch fließen die Informationen zwischen den Stakeholdern und legen die Basis für die Projektausführung. **Kommunikationsmanagement**

Viele Informationen werden mit Projektdokumenten übermittelt. Dazu gehören unter anderem der Projektplan, Arbeitsaufträge, aber auch Informationen, die formlos über E-Mail verschickt werden. Jeder Stakeholder, der ein Projektdokument bekommt, erhält eine Information, die er verarbeitet und wieder in einem Projektdokument festhält. Neben dieser schriftlichen Informationsübermittlung gibt es noch die vielfältigen Formen mündlicher Kommunikation, wie Gespräche, Telefonate oder Meetings.

Kommunikations-
überwachung

Wie jede Tätigkeit im Projekt, so wird auch die Kommunikation überwacht. Das Ziel der Kommunikationsüberwachung ist, sicherzustellen, dass die Stakeholder die Informationen bekommen, die sie benötigen. Der Überwachungsprozess kann zum einen eine Veränderung der Projektkommunikation einleiten, wenn festgestellt wird, dass die Kommunikation nicht wie geplant verläuft. Zum anderen kann die Kommunikationsüberwachung den Kommunikationsplan verändern, wenn dieser nicht mehr zu den aktuellen Kommunikationsanforderungen passt.

Stakeholderanalyse: die Kommunikationspartner im Projekt ermitteln

Stakeholder

Das Wort „stake" kommt aus dem Englischen und bedeutet so viel wie „Anteil". Ein Stakeholder ist demnach wörtlich übersetzt jemand, der einen Anteil hält. Im Projektmanagement sind all jene Stakeholder, die einen Anteil am Projekt haben. Damit ist der Kreis der Personen, die Stakeholder sein können, sehr groß. Es sind im engeren Sinne alle, die am Projekt arbeiten – der Projektleiter, das Team und die Subunternehmen –, aber auch diejenigen, die über das Projekt entscheiden, wie das Management oder der Kunde, außerdem all die, die vom Projektergebnis betroffen sind.

Ein Stakeholder ist eine Person, Personengruppe oder eine Organisation, die aktiv am Projekt beteiligt ist, durch den Projektverlauf bzw. das Projektergebnis beeinflusst wird oder selbst Einfluss darauf nehmen kann.

Die Stakeholder sind keine homogene Gruppe. Fast jeder Stakeholder hat andere Interessen und Kommunikationsgewohnheiten. Für Sie bedeutet das, dass Sie gut mit Stakeholdern kommunizieren, wenn Sie auf ihre Interessen eingehen und ihre Kommunikationsgewohnheiten berücksichtigen. Dabei sind beide Aspekte wichtig: Ein Mitglied des Managements sollte beispielsweise nicht über jeden kleinen Change Request informiert werden, wohl aber über ein wichtiges Problem im Projekt – allerdings nicht in einer allzu langen E-Mail, die dann vermutlich gar nicht ganz gelesen wird.

Die Stakeholderanalyse ist eine Methode, mit der die Interessen und Kommunikationsgewohnheiten der Stakeholder analysiert werden. Im ersten Schritt werden alle Stakeholder ermittelt. Dies kann in einem Brainstorming geschehen, das Sie mit dem Auftraggeber oder dem Projektmanagement-Team durchführen. Auf diese Weise bekommen Sie eine Liste aller Stakeholder.

Stakeholder ermitteln

Im zweiten Schritt erstellen Sie eine Einfluss-Interessen-Matrix. Darin werden alle Stakeholder anhand von zwei Faktoren verortet: ihrem Interesse am Projekt und dem Einfluss, den Sie ausüben können. Abbildung 7 zeigt eine solche Einfluss-Interessen-Matrix, aus der sich die folgenden vier Grundtypen ergeben:

Einfluss-Interessen-Matrix

- **Die Schwergewichte:** Sie haben einen hohen Einfluss und ein hohes Interesse am Projekt. Ein typisches Schwergewicht ist der Geschäftsführer eines Unternehmens, der eine von ihm entwickelte Projektidee umsetzen lässt.
- **Die Wichtigen:** Wichtig sind alle, die einen hohen Einfluss haben, selbst wenn ihr Interesse am Projekt gering ist. Wichtige Stakeholder sind die Finanzabteilung, aber auch das eigene Projektteam.
- **Die Förderer:** Stakeholder, die ein hohes Interesse am Projekt haben, obwohl ihr Einfluss auf das Projektergebnis gering ist, sind Förderer. Sie können das Projekt fördern, indem Sie als Multiplikatoren und Anwälte des Projektes wirken.
- **Die Mitläufer:** Mitläufer sind aus den unterschiedlichsten Gründen vom Projekt betroffen, obwohl sie wenig oder kein Interesse am Projekt haben und auch keinen Einfluss ausüben können. Diese Gruppe sollten Sie jedoch trotzdem nicht vernachlässigen.

Sie kann durch den Verlauf des Projektes aus Ihrem Dornröschenschlaf erwachen und ihr Interesse am Projekt entdecken. Ein typisches Beispiel dafür sind die Bürger der Stadt Stuttgart, die erst bei der Umsetzung des Projekts Stuttgart 21 wach wurden.

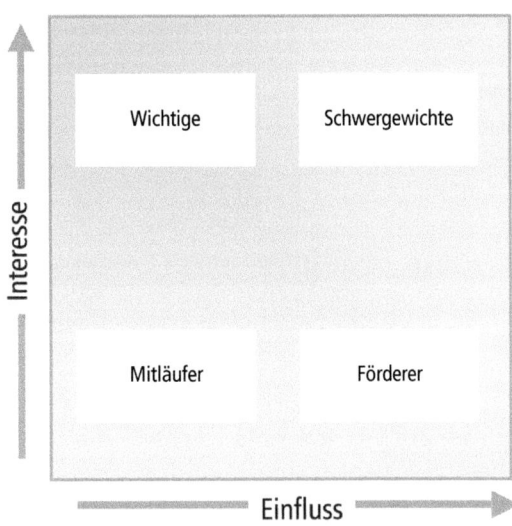

Abb. 7:
Die Einfluss-
Interessen-
Matrix hilft, die
Stakeholder zu
priorisieren.

Diese Kategorisierung anhand der Einfluss-Interessen-Matrix hilft, sich bei der Einbindung der Stakeholder in das Projekt zu fokussieren: nämlich auf die Schwergewichte und die Wichtigen. Dabei dürfen die beiden anderen Gruppen nicht aus den Augen verloren werden. Zudem bleiben weder die Stakeholder selbst noch deren Einfluss und Interesse über die Projektlaufzeit hinweg konstant. Personen wechseln ihre Funktionen und plötzlich werden andere Personen wichtig. Auch das Interesse am Projekt schwankt von Projektphase zu Projektphase.

Überprüfen Sie die Stakeholderanalyse regelmäßig. So stellen Sie sicher, dass Ihre Kommunikation immer an der aktuellen Situation im Projekt ausgerichtet ist.

Im dritten Schritt erstellen Sie ein Stakeholderverzeichnis, in dem die wichtigen Informationen über die Stakeholder zusammengestellt sind. Dies ist das wichtigste Instrument, um sich vor einem Gespräch mit einem Stakeholder schnell über dessen Rolle und Interessen zu informieren. Abbildung 8 zeigt eine Mustervorlage für ein Stakeholderverzeichnis.

Diese Informationen über die Stakeholder dokumentieren Sie:

- Namen, Funktion und Organisationseinheit des Stakeholders
- Kontaktdaten und bevorzugte Kommunikationswege
- Rolle und Verantwortung im Projekt
- Erwartungen und Anforderungen des Stakeholders
- Einfluss auf das Projekt und dessen Ergebnis
- Einstellung gegenüber dem Projekt

Stakeholderverzeichnis

Stakeholder	Name	Funktion	Organi-sation	Rolle im Projekt	Erwar-tungen	Einfluss	Einstel-lung gegen-über dem Projekt	Kontakt-infor-mation
Auftraggeber								
Kunde								
Projektteam								
Anwender								
Geschäfts-leitung								
...								

Abb. 8: Im Stakeholderverzeichnis werden die Kommunikationsbedürfnisse der Stakeholder festgehalten.

Einen großen Teil der Informationen, die Sie für die Stakeholderanalyse benötigen, können Sie und Ihr Projektteam aus Ihrem
eigenen Wissen zusammentragen. Um jedoch die konkreten Erwartungen und vor allem die Einstellung der Stakeholder zum
Projekt möglichst genau zu erfassen, müssen Sie mit jedem einzelnen Stakeholder ein Interview durchführen. Dies hat zudem den
Vorteil, dass Sie damit einen Kontakt zu ihm aufbauen und ihn für
das Projekt gewinnen können.

Bei der Planung der Kommunikation mithilfe der Stakeholderanalyse sollten Sie generell berücksichtigen, dass es drei große
Stakeholdergruppen gibt, bei denen die Kommunikation drei völlig unterschiedliche Funktionen hat:

- **Projektmitarbeiter:** Für sie sind Informationen ein Arbeits-
  mittel, also der Input, mit dem sie etwas tun. Das Ergebnis, der
  Output, ist dann wiederum für andere Projektmitarbeiter der
  Input für deren Projektergebnis. Ein typisches Beispiel dafür ist
  der Projektauftrag: Er ist der Input für den Projektleiter, der daraus den Projektplan erstellt. Dieser ist für die Projektmitarbeiter
  wieder der Input für deren Projektaufgabe.
- **Management:** Es braucht Informationen, um Entscheidungen zu
  fällen. Statusberichte und Entscheidungsvorlagen sind dafür
  typische Beispiele.
- **Betroffene:** Sie sollen das Projektergebnis nutzen. Die Informationen, die sie erhalten, müssen sie dazu befähigen und dienen
  manchmal sogar dazu, Widerstände von Betroffenen zu über-
  winden.

Die Stakeholderanalyse zeigt Ihnen sowohl, wer in die Kommunikation im Projekt einbezogen werden muss, als auch, auf welche
Weise dies geschehen soll. Zuerst ermitteln Sie dazu sämtliche
Stakeholder, anschließend verschaffen Sie sich mithilfe der Einfluss-Interessen-Matrix einen Überblick über die Bedeutung der
einzelnen Stakeholder für das Projekt. Das Stakeholderverzeichnis,
das Sie schließlich anlegen, dokumentiert die individuellen Informationsbedürfnisse der unterschiedlichen Stakeholder.

Varianten und Einflussfaktoren der Kommunikation unterscheiden

Informationen können Sie auf drei ganz unterschiedliche Arten und Weisen an die Stakeholder verteilen:

Informations-
verteilung

- **Push-Information:** Der Sender versendet die Information an den bzw. die Empfänger. Er erwartet jedoch vom Empfänger kein Feedback über den Erhalt der Information. Typische Formen sind: Status-Reports und Memos.
- **Pull-Information:** Dies ist das Gegenteil der Push-Information. Die Informationen werden an einem zentralen Ort abgelegt und die Empfänger holen sie sich nach ihren Bedürfnissen. Typische Systeme für Pull-Informationen sind Ablagesysteme für Dokumente wie zum Beispiel ein gemeinsam genutztes Laufwerk.
- **Interaktive Informationsweitergabe:** Hier findet ein direkter Austausch von Informationen statt. Eine Partei gibt Informationen an eine andere Partei weiter, welche darauf antwortet oder weitere Informationen ergänzt: Typische Formen sind Meetings oder Telefonkonferenzen.

Nicht nur der Inhalt der Nachricht hat eine Bedeutung, sondern auch ihre Form. Im Projektgeschäft unterscheidet man die folgenden vier Kommunikationsformen von Nachrichten:

Kommunikations-
formen

- **Formelle schriftliche Kommunikation:** Dazu zählen E-Mails, Memos oder Briefe. Sie haben einen formellen Status, da sie aufbewahrt werden und als Nachweis für die darin benannten Sachverhalte dienen. Formelle schriftliche Kommunikationsformen setzen Sie bei komplexen Problemen, in der Kommunikation des Projektauftrags, in Projektmanagementplänen sowie bei der Kommunikation über lange Entfernungen ein.
- **Formelle mündliche Kommunikation:** Darunter fallen Präsentationen, etwa Projektpräsentationen vor einem Lenkungsausschuss. Die formelle gesprochene Kommunikation hat einen formellen Rahmen und in der Regel werden Ergebnisse in einem Protokoll festgehalten. Diese Kommunikationsform wird eingesetzt, wenn aufgrund der dargestellten Sachverhalte Entscheidungen getroffen werden sollen, etwa weil Änderungen im Pro-

jekt erforderlich sind, aber auch, um über den Status des Projekts zu berichten.

- **Informelle schriftliche Kommunikation:** Dazu gehören vor allem unverbindliche, kollegiale E-Mails und handschriftliche Notizen, die nur der Erinnerung dienen. Diese Art der Kommunikation wird immer dann genutzt, wenn keine formelle Kommunikation erforderlich ist, Inhalte aber festgehalten werden müssen.
- **Informelle mündliche Kommunikation:** Diese Kommunikationsform nimmt im Projekt den größten Raum ein. Meetings und Gespräche sind Beispiele dafür. Sie sind notwendig, um Sachverhalte abzuwägen, Probleme zu lösen und Entscheidungen vorzubereiten.

Kommunikations-
kriterien

Es gibt noch weitere Kriterien, die bestimmen, wie Sie mit den Stakeholdern kommunizieren, und diese sind:

- **Dringlichkeit:** Muss ein Stakeholder jederzeit die aktuellen Informationen haben oder reichen regelmäßige Berichte aus?
- **Verfügbarkeit von Systemen:** Können die Systeme des Unternehmens genutzt werden oder sind besondere Kommunikationssysteme für das Projekt erforderlich?
- **Kommunikationsverhalten der Stakeholder:** Können die Projektmitarbeiter mit den Kommunikationssystemen umgehen oder müssen sie erst darin geschult werden?
- **Projektumgebung:** Arbeitet das Team an einem Ort zusammen oder sind die Teammitglieder und Stakeholder über mehrere Orte, vielleicht sogar mehrere Länder verteilt?

Projektorganisation: die Verantwortlichen für Kommunikation benennen

Wer kümmert sich im Projekt um die Kommunikation? Eine Frage, die Sie sich schon bei der Projektplanung stellen sollten. Denn eine gute Projektkommunikation macht man nicht nebenbei. Bei kleinen Projekten ist das vielleicht noch möglich, doch bei Projekten, bei denen viele Stakeholder mit unterschiedlichen Bedürfnissen erreicht werden müssen, ist eine speziell darauf ausgerichtete Kommunika-

tionsorganisation erforderlich. Dafür muss nicht nur Zeit einge-
plant werden, sondern die Kommunikation muss auch von Projektmitarbeitern gestaltet werden, die die Kompetenz dazu haben. Abbildung 9 zeigt, wie die Kommunikation in der Projektorganisation
berücksichtigt wird. Sie stellt eine komplette Projektorganisation
dar, deren einzelne Elemente im Folgenden erklärt werden.

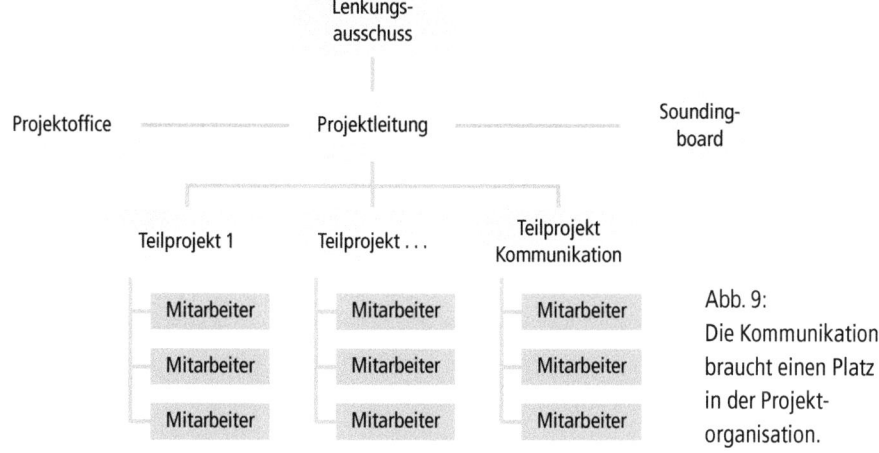

Abb. 9:
Die Kommunikation
braucht einen Platz
in der Projekt-
organisation.

Kernstück des Kommunikationsmanagements ist der Kommunikationsplan. Dafür sollte das Projektoffice verantwortlich sein. Mithilfe des Kommunikationsplans kann das Projektoffice Templates
für die verschiedenen Dokumente an das Projektteam oder andere
Stakeholder schicken und die Verteilung der Informationen verfolgen.

Das sind die Aufgaben des Projektoffice bei der Kommunikation:

- Erstellen von Templates für die Projektdokumente
- Einfordern von Informationen
- Verteilen der Informationen
- Aufbereiten von Informationen für bestimmte Zielgruppen
- Archivieren von Informationen

Ein weiterer wichtiger Baustein der Projektkommunikation ist das Soundingboard. Dieser Begriff bezeichnet im Projektmanagement ein Gremium aus Vertretern der Stakeholder, das dabei hilft, deren Interessen, etwa ihre Kommunikationsbedürfnisse, transparent zu machen. Seine Mitglieder sind zugleich selbst wieder Kommunikatoren, Multiplikatoren und Werber für das Projekt.

Wenn die Projektergebnisse einer großen Zielgruppe vermittelt werden müssen, ist zudem ein Teilprojekt Kommunikation notwendig. Dies ist dann für die professionelle Aufbereitung und Verteilung der Informationen zuständig. Es sollte aus Kommunikationsfachleuten bestehen, die in der Lage sind, das fachliche Thema des Projektes zu verstehen. Der Leiter des Teilprojektes muss gut in das Projekt eingebunden sein. Denn das Teilprojekt ist die Schnittstelle zwischen dem Projekt und allen Stakeholdern im Projektumfeld.

Informationen dokumentieren und verteilen

Standardisierte Formulare

Eine der großen Leistungen des Projektmanagements ist es, für immer wiederkehrende Aufgaben standardisierte Formulare entwickelt zu haben, in denen die für die jeweiligen Aufgaben relevanten Informationen eingetragen werden können. Die standardisierten Formulare haben die folgenden Vorteile:

- Es ist definiert, an welcher Stelle des Projektmanagementprozesses diese Formulare erstellt werden.
- Es ist festgelegt, welche Informationen mit den einzelnen Formularen übermittelt werden.
- Die Strukturierung der Formulare erleichtert die Dokumentation der Informationen.
- Der Empfänger erhält alle Informationen, die er benötigt, und findet sie im Formular auch schnell.
- Ein Qualitätscheck der Informationen auf Vollständigkeit und Konsistenz ist leicht möglich.

Formulare haben jedoch nicht nur Vorteile. Die Standardisierung bringt es mit sich, dass sie sehr schematisch ausgefüllt werden. Es besteht die Gefahr, dass eigentlich wichtige Dinge nicht erwähnt werden, weil nach diesen nicht gefragt wird. Dabei erwecken ausgefüllte Formulare den Anschein, alles sei dokumentiert, selbst wenn die letztlich im Formular übermittelten Informationen dem Empfänger kaum weiterhelfen.

Geben Sie sich deshalb auch bei standardisierten Formularen Mühe, das zu dokumentieren, was wichtig ist. Denn die Formulare sind ein Hilfsmittel, das Ihre Arbeit unterstützt, Ihnen aber das Mitdenken nicht abnimmt. Die wichtigsten standardisierten Formulare sind in der folgenden Tabelle zusammengestellt.

Name	Inhalt	Ziel
Organisationsdiagramm	Darstellung der Projektorganisation	Kommunikation der Rollen, Verantwortlichkeiten und Informationsflüsse
Projektauftrag	Beschreibung des Projektes	Kommunikation der Projektziele, Ergebnisse und Verantwortlichkeiten
Umfangs- und Inhaltsbeschreibung	Ausführliche Beschreibung der Projektergebnisse	Kommunikation des Projektinhalts
Projektplan	Darstellung der Art und Weise, wie das Projektergebnis erreicht werden soll	Kommunikation der Zeitplanung sowie der Planung von Budget, Kommunikation, Ressourcen, Qualität, Risiken und einzukaufenden Leistungen
Maßnahmenplan	Dokumentation der Maßnahmen, die im Projekt geplant sind	Kommunikation der durchzuführenden Maßnahmen an die Verantwortlichen
Change Requests	Dokumentation von Änderungsanforderungen	Kommunikation der Änderungsanforderungen für die Genehmigung, Ausführung oder Ablehnung
Projektprotokolle	Dokumentation der Ergebnisse von Gesprächen, Meetings und Verhandlungen	Kommunikation der Ergebnisse an die Teilnehmer und die von den Ergebnissen Betroffenen
Statusberichte	Dokumentation des Projektfortschritts und der Risiken	Kommunikation des Projektfortschritts

Tabelle 1: Standardisierte Formulare erleichtern die Kommunikation.

Die **Kommunikationsprozesse** im Projekt sorgen dafür, dass jeder Stakeholder die richtige Information zum richtigen Zeitpunkt in der richtigen Form erhält.

Mit der **Stakeholderanalyse** werden die Kommunikationsbedürfnisse der Personen und Institutionen ermittelt, die ein Interesse am Projekt haben und dessen Verlauf beeinflussen können.

Der **Kommunikationsplan** legt fest, wie die Kommunikation im Projekt gesteuert wird.

Die **Projektorganisation** muss die Ressourcen und Verantwortlichkeiten für die Kommunikation im Projekt widerspiegeln.

Standardisierte Formulare erleichtern die Kommunikation und sorgen dafür, dass die Informationen optimal aufbereitet werden.

3. Kommunikations-medien: die Medien-vielfalt nutzen

Das Übel kommt nicht von der Technik,
sondern von denen, die sie missbrauchen.

JACQUES-YVES COUSTEAU

Alle Projektleiter wünschen sich, die besten Experten in ihrem Projekt und alle Stakeholder jederzeit erreichen zu können. Dies war bisher nur ein Traum, denn für jede Besprechung musste ein Ort und ein Zeitfenster in den vollen Terminkalendern gefunden werden. Diese Zeiten sind jedoch vorbei. E-Mails und Telefonkonferenzen werden mehr und mehr zum Dreh- und Angelpunkt der Kommunikation. Virtuelle Teams – also Teams, deren Mitglieder räumlich getrennt voneinander arbeiten – sind durch die moderne Kommunikationstechnik möglich geworden. Datennetze verbinden Menschen auf verschiedenen Kontinenten und haben das Spektrum der Kommunikationsmöglichkeiten um ein Vielfaches erweitert. Dadurch hat sich auch die Kommunikation im Projekt verändert, und ihr Gelingen hängt zunehmend davon ab, wie die neuen Medien genutzt werden.

In diesem Kapitel erhalten Sie Antworten auf die folgenden Fragen:

- Wie verändern die neuen Medien die Kommunikation?
- Wie wähle ich das passende Kommunikationsmedium aus?
- Wie kommuniziere ich in virtuellen Teams?

Herausforderung elektronische Medien

„Das Pferd frisst keinen Gurkensalat." Mit diesem Satz, dessen Wortlaut der Empfänger auf keinen Fall erraten konnte, testete Johann Philipp Reis, ob das von ihm erfundene Telefon jedes einzelne Wort korrekt übermittelte – etwas, worauf wir bei der Nutzung unserer modernen Telefone längst vertrauen. Kommunikation ist jedoch mehr als nur die Übermittlung von gesprochener Sprache. Jeder Kommunikationstrainer betont etwa, wie wichtig die Körpersprache ist. Doch was passiert, wenn, etwa beim Telefonieren, Mimik und Gestik des Sprechers nicht übermittelt werden? Wie verändern elektronische Medien unsere Kommunikation?

Synchrone und asynchrone Kommunikation

Alle gängigen Kommunikationsmodelle gehen von einer Grundsituation aus, die darin besteht, dass die Beteiligten im selben Raum und zur selben Zeit miteinander sprechen. Doch wenn über elektronische Medien kommuniziert wird, dann befinden sich die Kommunikationspartner an unterschiedlichen Orten und je nach Medium – etwa beim E-Mail-Verkehr – kommunizieren sie sogar zeitversetzt. Das hat zur Folge, dass durch die elektronischen Medien zwei völlig unterschiedliche Kommunikationsformen unseren Alltag prägen: synchrone Kommunikation und asynchrone Kommunikation.

Synchron ist die Kommunikation dann, wenn die Kommunikationspartner zur gleichen Zeit kommunizieren, wenn eine Nachricht also zeitgleich gesendet und empfangen wird. Asynchron ist die Kommunikation, wenn sie zeitversetzt stattfindet, wenn zwischen Senden und Empfangen einer Nachricht Zeit vergeht.

Bei einem Telefonat ist die Kommunikation synchron, da hier die Gesprächspartner unmittelbar miteinander reden. In diesem Fall erhält der Sender vom Empfänger unmittelbar eine Rückmeldung auf seine Nachricht.

Der Nachrichtenaustausch über E-Mails ist dagegen eine typische Form asynchroner Kommunikation. Der Empfänger kann eine E-Mail zu einem späteren Zeitpunkt abrufen, das Lesen und Beantworten der E-Mail zurückstellen und sie sogar komplett ignorieren. Der Vorteil dieser Kommunikationsform besteht darin, dass die Kommunikationspartner E-Mails dann beantworten können, wenn es in ihren Arbeitsablauf passt. Aus diesem Grund ermöglichen E-Mails auch eine effektive Zusammenarbeit über unterschiedliche Zeitzonen hinweg.

Am Sender-Empfänger-Modell, das Sie im Kapitel 1 kennengelernt haben, lässt sich gut zeigen, was passiert, wenn mit elektronischen Medien kommuniziert wird. Das Modell ist in Abbildung 10 dargestellt.

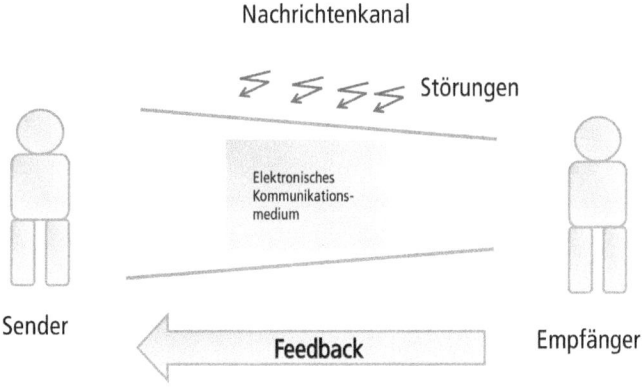

Abb. 10: Sender-Empfänger-Modell für die Kommunikation über elektronische Medien.

Das Medium bestimmt, welche Informationen der Nachrichtenkanal durchlässt. Bei einem Telefongespräch sehen sich die Kommunikationspartner nicht, und selbst bei einer Videokonferenz wird die Mimik und Gestik des Sprechers bei der Übertragung so vergröbert, dass die Wahrnehmung des Gesprächspartners stark eingeschränkt oder verfälscht wird. Die Bandbreite für die Sprachwiedergabe ist beim Telefonat wie bei der Videokonferenz begrenzt, Zwischentöne sind dadurch oft nicht mehr hörbar. E-Mail und Chat reduzieren die Kommunikation auf die Schriftsprache, was die

Nachricht wiederum verändert, denn bei der geschriebenen Sprache sind die Sätze meist länger und der Satzbau ist ausgefeilter. Bei der asynchronen Kommunikation kommt noch hinzu, dass die Reaktion auf die Nachricht zeitversetzt erfolgt und eine spontane Reaktion des Empfängers unmöglich wird.

Elektronische Medien schränken die Nachrichtenübertragung ein. Sie löschen Informationen und verleiten den Empfänger, fehlende Informationen durch Vermutungen zu ersetzen.

„Man kann nicht nicht kommunizieren", postulierte Paul Watzlawick. Watzlawicks Axiom gilt jedoch nur eingeschränkt für die elektronische Kommunikation. Kommunikationspartner können zum Beispiel bewusst auf E-Mails nicht reagieren, während einer Telefonkonferenz schweigen oder während eines Chats keine Kommentare abgeben. Dieses Nicht-Kommunizieren nehmen wir nur als eine Form der Kommunikation wahr, wenn wir davon ausgehen, dass die E-Mail angekommen, die Telefonleitung nicht unterbrochen oder der Teilnehmer noch im Chat ist. Andernfalls kommuniziert man ins Leere. Für die Kommunikation mit elektronischen Medien bedeutet das, dass der gemeinsame Kontext von Raum und Zeit bewusst hergestellt werden muss.

In einer Telefonkonferenz darf kein Teilnehmer quasi anonym bleiben, indem er sich nur einwählt, aber kein Wort sagt. Der Moderator der Telefonkonferenz muss zumindest zu Beginn die Teilnehmer vorstellen. Noch besser ist es, wenn er jedem Teilnehmer das Wort für ein kurzes Eröffnungsstatement erteilt. Er sollte die Teilnehmer auch auffordern, sich zu verabschieden, wenn Sie nicht mehr an der Telefonkonferenz teilnehmen können.

Nachrichtenpaket bei elektronischen Medien
Das von Friedemann Schulz von Thun beschriebene Nachrichtenpaket mit den vier Seiten einer Nachricht – Sachinhalt, Selbstoffenbarung, Beziehung und Appell – wird ebenfalls durch die elektronischen Medien beeinflusst. Abbildung 11 zeigt, wie sich das Nachrichtenpaket bei der elektronischen Kommunikation verändern kann.

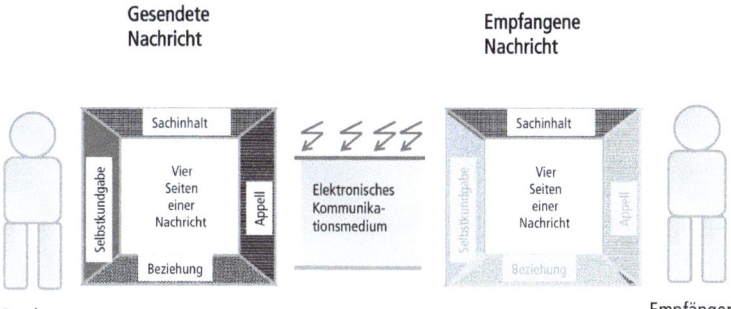

Abb. 11: Dieses Beispiel zeigt einen Übertragungskanal, der eine Nachricht auf den sachlichen Inhalt fokussiert.

Wird über elektronische Medien kommuniziert, sind Missverständnisse wahrscheinlicher, da der Empfänger Informationen nicht erhält und vielleicht durch Vermutungen ersetzt, während der Sender davon ausgeht, dass das ganze Paket übertragen wird.

Löschungen und Vermutungen

Zu Beginn des Auftragsklärungsgesprächs sagt der Projektleiter zum Auftraggeber: „Ich möchte den Projektauftrag mit Ihnen klären." Bei einer persönlichen Begegnung würde er dabei durch eine aufrechte Körperhaltung und direkten Blickkontakt seine Selbstsicherheit ausdrücken oder aber, im umgekehrten Fall, durch eine gebeugte Haltung und die Vermeidung des Blickkontakts seine Unsicherheit verraten.

Doch das Auftragsklärungsgespräch findet in Form eines Telefonats statt, was zur Folge hat, dass die Körpersprache und die durch sie vermittelte Zusatzinformation nicht übertragen werden. Dem Auftraggeber fällt es dadurch schwer, den Projektleiter einzuschätzen. Er ersetzt möglicherweise die fehlenden Informationen durch Vermutungen, die auf vergangenen Erfahrungen basieren. Hat er bisher Projektleiter immer als unsicher erlebt, überträgt er dies auch auf die neue Situation. Ein klarer Appell eines selbstsicheren Projektleiters wird so irrtümlich als Bitte aufgefasst.

Es muss allerdings nicht unbedingt zu einem Missverständnis kommen, da nicht nur die Körpersprache, sondern auch die Stimme Sicherheit bzw. Unsicherheit ausdrücken kann. Eine laute Stimme vermittelt Sicherheit, eine leise Unsicherheit. So kann der Projektleiter seine Selbstsicherheit mithilfe seiner Stimme auch am Telefon zeigen und dem Empfänger neben dem Sachinhalt auch einen deutlichen Appell vermitteln.

Stimme und Wortwahl Werden elektronische Medien verwendet, dann wird meist nur die Sachinformation nahezu uneingeschränkt übertragen. Die Möglichkeiten, die anderen Seiten der Nachricht zu transportieren, sind sehr eingeschränkt. Oft können sie nur vermittelt werden, wenn sie als Sachinformation verpackt sind. Da der Empfänger aber immer eine ganze Lieferung erwartet, steigt seine Aufmerksamkeit für kleinste Informationen, die er beim Telefonat aus der Stimme heraushört oder beim E-Mail-Verkehr aus der Wortwahl – sozusagen „zwischen den Zeilen" – herausliest. Aus ihnen versucht er, sich ein möglichst umfassendes Bild von den anderen Seiten der Nachricht, der Selbstoffenbarung, der Beziehungsinformation und dem Appell, zu machen.

Sprechen Sie in Telefongesprächen bewusst laut und betonen Sie in einer E-Mail Ihre Erfahrung, wenn Sie selbstsicher wirken wollen. Verpacken Sie Gefühle und Stimmungen in Sachaussagen („Ich bin heute etwas gestresst"), machen Sie Appelle als solche kenntlich und bitten Sie Ihren Kommunikationspartner um Feedback („Wie haben Sie meine Mitteilung aufgefasst?"), um Missverständnisse zu vermeiden.

Ein Projektleiter will einem Mitarbeiter folgende Sachinformation mitteilen: „Nur wenn wir nächste Woche intensiv am Arbeitspaket arbeiten, wird es fertig."

Wenn es ihm aber außerdem darum geht, den Mitarbeiter zu besonderen Anstrengungen zu animieren, sollte er durch folgende Wortwahl den Appell hervorheben: „Nächste Woche müssen Sie mit voller Kraft an diesem Arbeitspaket arbeiten. Nur dann werden wir damit fertig."

Möchte er dagegen keinen Appell zum Ausdruck bringen, sollte er die Aussage so formulieren, dass der Mitarbeiter sie nicht als eine Auf-

forderung missverstehen kann: „Das Arbeitspaket muss bis nächste Woche fertig werden. Das heißt aber nicht, dass Sie bis spät in die Nacht arbeiten sollen.“

Tipps für die Kommunikation

Wenn Sie einige Hinweise beachten, ist es durchaus möglich, auch über elektronische Medien Nachrichten zu übermitteln, ohne dass es zu Missverständnissen kommt. Folgende Tipps helfen Ihnen, die Kommunikation mit elektronischen Medien zu verbessern:

- Geben Sie jedem Teammitglied eine Liste mit den Namen und Kontaktadressen aller Teammitglieder.
- Überlegen Sie besonders bei der schriftlichen Kommunikation, was Sie sagen wollen und wie Sie es sagen wollen.
- Wechseln Sie das Medium, wenn Sie merken, dass die Kommunikation misslingt. Damit haben beide Kommunikationspartner die Chance, die Kommunikation auf einer gemeinsamen Basis erneut aufzubauen.
- Überlegen Sie, welche Selbstoffenbarung Sie dem Empfänger übermitteln wollen, und verpacken Sie diese in eine Sachaussage.
- Formulieren Sie Appelle ausdrücklich. Wenn Sie etwas wollen, dann sagen Sie es.
- Bitten Sie den Empfänger aktiv um ein Feedback.
- Verwenden Sie eine bildhafte Sprache, um auch die nonverbalen Elemente Ihrer Nachricht zu vermitteln.
- Benutzen Sie in E-Mails und im Chat Emoticons, z. B. :-), um Gefühle mitzuteilen – allerdings nur, wenn diese Symbole in der jeweiligen Situation und gegenüber dem jeweiligen Kommunikationspartner angemessen sind.

Die richtigen Medien wählen

Elektronische Medien auf dem Vormarsch

In den letzten Jahren hat sich die Art und Weise, wie wir kommunizieren, grundlegend gewandelt. Der klassische Brief wurde fast völlig durch die E-Mail abgelöst und das Telegramm ist als SMS-Nachricht „wiederauferstanden“. Bei der mündlichen Kommunikation ersetzen Telefonate und Telefonkonferenzen immer häufiger das persönliche Gespräch. Die elektronischen Kommunikationsmedien haben auf diese Weise die Möglichkeiten, miteinander zu

Kommunikations-form	Synchron/asynchron	Beschreibung
Präsenzmeeting	synchron	Die Teilnehmer treffen sich physisch in einem Raum.
Telefon	synchron	Zwei Personen sprechen über eine Telefonverbindung miteinander.
Telefonkonferenz	synchron	Mehrere Teilnehmer sind über Telefon zusammengeschaltet.
Webkonferenz	synchron	Mehrere Teilnehmer sind mit einem Internettool zusammengeschaltet. Sie können miteinander sprechen und sich sehen.
Videokonferenz/Videopräsenz	synchron	Die Teilnehmer sind in Videokonferenzräumen miteinander verbunden. Eine Videopräsenz hat eine höhere Qualität als eine Videokonferenz und simuliert die Präsenz der anderen Teilnehmer.
Voicemail	asynchron	einseitige, mündliche Nachricht, z. B. auf einer Sprachbox
E-Mail	asynchron	gegenseitiger, schriftlicher Nachrichtenaustausch
Chatroom	synchron	Ein Internettool ermöglicht es Teilnehmern, fortlaufend Nachrichten zu schreiben und die der anderen zu lesen.
SMS	asynchron	Kurznachricht, meist auf einem Mobiltelefon verfasst und empfangen
Twitter	asynchron	kollektive Versendung von Kurznachrichten über den Mikroblogging-Dienst Twitter
Brief	asynchron	einseitige Nachricht über Papier (kein elektronisches Medium)

Tabelle 2: Einsatzempfehlungen für elektronische Kommunikationsmedien.

kommunizieren, extrem erweitert. Allerdings haben Sie auch, im Vergleich zur direkten Kommunikation, die Vielfalt der in einer Nachricht übermittelten Informationen reduziert.

In Zukunft werden die elektronischen Medien jedoch noch besser werden. Video- und Webkonferenzen ergänzen bereits jetzt die Formen des rein sprachlichen Austauschs durch Bilder und interaktive Elemente, was die Vielfalt der Ausdrucksmöglichkeiten bei der Kommunikation erhöht. Doch selbst ein technisch perfektes Medium bedeutet nicht, dass die Kommunikation gelingt. Gut ist die Kommunikation dann, wenn das gewählte Medium zum Inhalt der Kommunikation passt.

Einsatzempfehlung

Diskussion	Entscheidungs-findung	Beziehungs-aufbau	Auftrags-erteilung	Lob und Kritik
ja	ja	ja	ja	ja
ja	ja	bedingt	ja	ja
ja	ja	bedingt	ja	bedingt
ja	ja	bedingt	ja	bedingt
ja	ja	bedingt	ja	ja
nein	bedingt	nein	bedingt	nein
ja	bedingt	nein	bedingt	nein
bedingt	ja	bedingt	nein	nein
bedingt	bedingt	nein	nein	nein
bedingt	bedingt	nein	nein	nein
bedingt	bedingt	nein	nein	nein

....

Elektronische Kommunikationsmedien bestimmen mit, was von einer Nachricht übermittelt und wie diese zum Empfänger übertragen wird.

....

Tabelle 2 informiert Sie darüber, welches Medium sich für welche Situation eignet. Dabei werden fünf unterschiedliche Anlässe unterschieden:

- **Diskussion:** Bei einer Diskussion werden unterschiedliche Sichtweisen ausgetauscht, um ein gemeinsames Ergebnis zu erreichen. Hier ist eine hohe Interaktion zwischen den Gesprächspartnern notwendig.

- **Entscheidungsfindung:** Bei Entscheidungen werden von den Beteiligten Stellungnahmen zu Alternativen eingeholt. Jeder Beteiligte muss die Möglichkeit haben, seine Position darzustellen, und die einzelnen Beiträge sollten nachvollziehbar sein.
- **Beziehungsaufbau und -pflege:** In Gesprächen, in denen die Gesprächspartner eine Beziehung aufbauen oder pflegen wollen, werden viele nonverbale Informationen übermittelt. Die Gesprächspartner müssen sich auch über Gefühle und Stimmungen austauschen können.
- **Auftragserteilung und -kontrolle:** Die Kommunikation ist einseitig. Der Projektleiter vergibt einen Auftrag und benötigt die Bestätigung, dass der Auftrag verstanden wurde. Er fragt nach Arbeitsergebnissen und der Mitarbeiter berichtet über den Status.
- **Lob und Kritik:** Lob und Kritik sind eigentlich einseitige Mitteilungen. Jedoch sollte insbesondere bei Kritik auch der Mitarbeiter die Möglichkeit haben, seine Meinung zu äußern.

Es kommt aber nicht nur darauf an, das richtige Kommunikationsmedium zu wählen, sondern das gewählte auch richtig einzusetzen. Im Folgenden habe ich für Sie Tipps für die effiziente Anwendung der Medien zusammengestellt.

Telefon

Telefon für schnelle Absprachen

Das Telefon ist das Medium, um schnell Dinge mit einem Teamkollegen oder einem Stakeholder zu besprechen. Über das Telefon können Argumente ausgetauscht, Informationen eingeholt oder auch Probleme gelöst werden. Gehen Sie jedoch bei einem Anruf nicht davon aus, dass der Gesprächspartner auf Ihr Gespräch vorbereitet ist. Sie wissen auch nicht, in welcher Situation er sich gerade befindet. Um ein Telefongespräch trotzdem erfolgreich zu führen, sollten Sie auf die folgenden Punkte achten:

- Teilen Sie dem Angerufenen mit, worum es geht.
- Eröffnen Sie das Gespräch mit einer positiven Aussage oder beziehen Sie sich auf Ereignisse, die Sie mit dem Angerufenen verbinden.

- Fragen Sie, ob der Angerufene Zeit hat, wenn das Gespräch voraussichtlich länger dauern wird.
- Lassen Sie Ihrem Gesprächspartner Zeit, sich auf das Telefonat einzustellen.
- Sprechen Sie langsam und deutlich. Bei einem Telefonat können Sie Ihre Aussagen nicht durch nonverbale Signale und Zeichen unterstützen.

Voicemail

Die Voicemail ist ein Hilfsmittel, um einem Gesprächspartner Informationen zu übermitteln, wenn dieser nicht erreichbar ist. Wenn der Angerufene Ihre Nachricht abhört, ist diese in der Regel nur eine unter vielen. Damit Ihre Nachricht gehört wird, sollten Sie auf Folgendes achten, wenn Sie Ihrem Gesprächspartner eine Nachricht hinterlassen.

Voicemail als Hilfsmittel zur Informationsübermittlung

- Nennen Sie Ihren Namen und die Telefonnummer, unter der Sie erreichbar sind, am Anfang und Ende der Nachricht. Insbesondere bei längeren Nachrichten kann sich der Gesprächspartner den Namen oft nicht merken.
- Halten Sie die Nachricht so kurz wie möglich. Machen Sie klar, was Sie wollen, und beschränken Sie sich auf zwei Themen, damit der Gesprächspartner sich diese merken kann.
- Teilen Sie mit, ob und wie der Angerufene auf Ihre Nachricht antworten soll.

Telefonkonferenz

Bei einer Telefonkonferenz werden mehrere Teilnehmer zu einem Gespräch zusammengeschaltet. Der Vorteil ist, dass Themen auch gemeinsam mit Mitarbeitern, die sich an weit entfernten Standorten befinden, besprochen werden können. Dabei ist allerdings jeder Teilnehmer in einer anderen Situation und Umgebung, die den anderen nicht bekannt ist. Die Gesprächspartner wissen beispielsweise nicht, ob man alleine ist oder in einem Großraumbüro. Als Moderator einer Telefonkonferenz haben Sie die Verantwortung, dass alle Teilnehmer sich gut beteiligen können. Die folgenden Punkte haben sich bei der Moderation von Telefonkonferenzen bewährt:

Moderation einer Telefonkonferenz

- Legen Sie schon bei der Einladung fest, welche Themen besprochen werden sollen und wann die Telefonkonferenz beginnt und endet.
- Beschränken Sie die Anzahl der Teilnehmer auf maximal acht, wenn Themen interaktiv besprochen werden sollen. Bei mehr als acht Teilnehmern können sich nicht mehr alle angemessen am Gespräch beteiligen.
- Verteilen Sie die notwendigen Unterlagen vor der Konferenz an die Teilnehmer und legen Sie fest, welche Beiträge von welchem Teilnehmer erforderlich sind.
- Jede Telefonkonferenz braucht einen Moderator, der den Gesprächsprozess steuert. Falls nicht der Einlader diese Funktion übernimmt, sollte spätestens zu Beginn der Moderator festgelegt werden.
- Fragen Sie als Moderator, wer in der Telefonkonferenz ist, und geben Sie jedem Teilnehmer die Gelegenheit, sich und seine Rolle vorzustellen.
- Weisen Sie darauf hin, dass nicht im Freisprechmodus telefoniert werden sollte, wenn die Teilnehmer in einer lauten Umgebung sind.
- Fassen Sie die wichtigsten Ergebnisse zusammen und versenden Sie diese im Anschluss möglichst schriftlich an alle Teilnehmer.

Video-/Webkonferenz

Viele Möglichkeiten, aufwendige Technik

Video- und Webkonferenzen sind die Weiterentwicklung der Telefonkonferenz. Sie erweitern deren Möglichkeiten, indem sich die Teilnehmer gegenseitig sehen, Unterlagen gezeigt und Besprechungsergebnisse visualisiert werden können. Diesen Vorteilen stehen jedoch die Nachteile gegenüber, dass Video- und Webkonferenzen zusätzlichen technischen Aufwand erfordern und sich die Teilnehmer oft erst mit den technischen Funktionen vertraut machen müssen. Die Tipps für Telefonkonferenzen gelten auch hier, zusätzlich sollte noch an folgende Dinge gedacht werden:

- Stellen Sie sicher, dass jeder Teilnehmer Zugang zu den technischen Medien hat und mit diesen vertraut ist.
- Bedenken Sie, dass Übertragungsprobleme die Übertragungsqualität einschränken und den Ablauf stören können.

Chatroom

Chatrooms bieten eine Form der synchronen schriftlichen Kommunikation. Die Teilnehmer reden nicht miteinander, sondern schreiben kurze Mitteilungen, die entweder alle oder nur bestimmte Teilnehmer lesen können. Der Vorteil gegenüber der mündlichen Kommunikation in einem Meeting oder einer Telefonkonferenz besteht darin, dass der Verlauf der Diskussion jederzeit zurückverfolgt und nachvollzogen werden kann und nach dem Ende des Chats noch verfügbar ist. Dieser Vorteil ist zugleich jedoch auch ein Nachteil: Eine einmal geschriebene Aussage kann nicht mehr zurückgenommen werden und wird auch nicht vergessen. Achten Sie deshalb bei einem Chat auf Folgendes:

Gesprächsverlauf zum Nachlesen

- Beschreiben Sie Thema und Ziel des Chats.
- Legen Sie fest, wie detailliert die Äußerungen sein sollen. Zu ausführliche Kommentare ziehen den Chat in die Länge und erschweren das Lesen.
- Teilen Sie den Teilnehmern mit, wer außer ihnen selbst die Informationen des Chats noch lesen kann. Jeder Teilnehmer muss wissen, was mit seinen Beiträgen passiert.
- Legen Sie fest, ob anonyme Beiträge erlaubt sind.
- Erstellen Sie eine Zusammenfassung des Chats, in der Sie die wesentlichen Punkte und Ergebnisse festhalten.

E-Mail

Im Jahr 1984 wurde in Deutschland die erste E-Mail empfangen, und zwar von Michael Rotert, einem Forscher an der Universität Karlsruhe. Laura Breeden aus Cambridge hieß ihn darin im Netzwerk CDNET willkommen. Breeden und Rotert gehörten damals zu den Pionieren in der Welt der elektronischen Medien, doch auch sie konnten sich vermutlich kaum vorstellen, wie tief greifend die E-Mail innerhalb kurzer Zeit die Kommunikation revolutionieren würde. E-Mails gehören heute zum Geschäftsalltag. Sie haben sich durchgesetzt, weil sie jederzeit und überall versendet, empfangen und sogar mit nur einem Klick weitergeleitet werden können. Doch genau darin liegt auch der Nachteil dieses Mediums: Viele Mitarbeiter werden so mit Informationen überhäuft, dass oft kaum Zeit bleibt, um angemessen darauf zu reagieren. Der Absender einer Nachricht erhält dann keine oder nur oberflächliche Rückmeldung.

Revolution in der Kommunikation

Wie gut die E-Mail-Kommunikation im Projekt funktioniert, hängt davon ab, wie gut die Beteiligten den Umgang mit diesem Medium beherrschen. So viele E-Mails wie nötig, so wenige wie möglich – diese Balance zu halten, das ist die große Herausforderung. Achten Sie deshalb auf die folgenden Punkte:

- Machen Sie dem Empfänger klar, wie er auf die E-Mail reagieren soll: etwa mit einer E-Mail, einem Anruf, mit der Durchsicht von Dokumenten oder mit einer Entscheidung.
- Schreiben Sie das Wichtigste zuerst, um sicherzugehen, dass es auch gelesen wird.
- Wählen Sie die Empfänger bewusst aus und beschränken Sie sich dabei auf diejenigen, für die die Information notwendig ist. Jede überflüssige E-Mail belastet den Posteingang des Empfängers.
- Kennzeichnen Sie nur E-Mails als wichtig, die es auch wirklich sind. Nur so werden sie vom Empfänger als dringend wahrgenommen.
- Lassen Sie sich den Eingang wichtiger E-Mails bestätigen oder verfolgen Sie diese mit dem Mailsystem.

Virtuelle Kommunikation für virtuelle Teams

Die Kommunikation über elektronische Medien ergänzt in Projekten die direkte Kommunikation. Arbeiten die Projektmitglieder am selben Ort, dann wird die Kommunikation über elektronische Medien eher einen geringen Anteil haben. Je mehr Teammitglieder jedoch räumlich voneinander getrennt arbeiten, desto größer wird der Anteil der elektronischen Kommunikation. Bei einem virtuellen Team kommen die Mitarbeiter aus verschiedenen Regionen oder gar Ländern. Sie gehören oft unterschiedlichen Kulturkreisen an und sprechen möglicherweise verschiedene Dialekte bzw. Sprachen. Dadurch sind virtuelle Teams in der Regel vielfältiger als reale Teams.

In virtuellen Teams arbeiten die Projektmitglieder an verschiedenen Orten und begegnen einander nie oder nur sehr selten persönlich. Elektronische Medien sind die einzige Möglichkeit, um miteinander zu kommunizieren.

Kommunikation im Team ist für uns so selbstverständlich, dass wir meistens nicht mehr bemerken, wie wir kommunizieren. Es ist nur natürlich, wenn wir die Kommunikationsgewohnheiten, die wir aus herkömmlichen Projekten kennen, auch bei der Arbeit in einem virtuellen Team beibehalten. Wir sprechen bzw. schreiben die Mitglieder des virtuellen Teams so an, als wären sie vor Ort anwesend – bis die ersten Probleme auftreten:

Kommunikationsprobleme in virtuellen Teams

- Die übermittelten Sachverhalte werden von den Teammitgliedern unterschiedlich interpretiert.
- Oft bleibt offen, ob eine Nachricht gelesen wurde und, wenn sie gelesen wurde, ob der Empfänger sie so verstanden hat, wie sie gemeint war.
- Der Absender einer Nachricht erhält wenig bis kein Feedback und sieht nicht, wie der Empfänger auf seine Nachricht reagiert.
- Der Empfänger weiß nur wenig über den Absender der Nachricht, da dieser nichts oder nur sehr wenig Persönliches mitteilt.
- Appelle, schnell zu handeln, werden eher ignoriert, weil sie nicht mit dem notwendigen emotionalen Nachdruck vermittelt werden können.
- Die verbale Kommunikation ist distanzierter, da die Körpersprache wegfällt.
- Persönliche und damit soziale Aspekte treten in den Hintergrund. Dies führt dazu, dass Kommunikationspartner weniger Verständnis füreinander aufbringen.

Die Herausforderung bei der Kommunikation in virtuellen Teams besteht darin, sie so zu gestalten, dass die Teammitglieder sich gegenseitig als räumlich und zeitlich präsent wahrnehmen und einen gemeinsamen Kontext für die Interpretation ihrer Nachricht herstellen können. Dies lässt sich unter anderem durch ein Kick-off-Meeting zu Beginn des Projekts erreichen, bei dem sich die Team-

Kick-off-Meeting

mitglieder gegenseitig kennenlernen und Beziehungen aufbauen können. Bei längeren Projekten sollten immer wieder persönliche Treffen möglich sein, um Kontakte zu vertiefen.

Virtueller Raum Diese Methode kann jedoch nur dann eingesetzt werden, wenn die Teammitglieder reisen können und im Projekt ein Budget für diese Veranstaltungen vorgesehen ist. Sind diese Voraussetzungen nicht gegeben, dann kann der persönliche Austausch nur über die elektronischen Medien erfolgen. Gerade in der Anfangszeit sollten die Teammitglieder dazu genügend Gelegenheiten bekommen. Die folgenden Punkte helfen, einen virtuellen Raum zu gestalten und Beziehungen über die elektronischen Medien herzustellen und zu pflegen.

Machen Sie Beziehungsangebote

Die Kommunikation darf nicht nur auf den Austausch von Sach-informationen beschränkt bleiben. Sie sollte auch Beziehungen zwischen den Teammitgliedern herstellen. Bei der mündlichen Kommunikation ist Small Talk zu Beginn und am Ende eines Telefongesprächs oder einer Konferenz eine Möglichkeit, eine Be-ziehung zu den Gesprächspartnern aufzubauen oder zu pflegen. Doch auch in der schriftlichen Kommunikation können Sie Bezie-hungsangebote machen. Fragen Sie in einer E-Mail, wie es dem Empfänger geht, erzählen Sie etwas von sich und wünschen Sie dem Empfänger, wenn Sie die E-Mail freitags schreiben, ein schönes Wochenende. Dies sind kleine Gesten, die Beziehung signalisieren.

Richten Sie elektronische Kaffeeküchen ein

Die Kaffeeküche steht für den persönlichen Austausch. Hier treffen sich die Teammitglieder und reden miteinander, während sie einen Kaffee trinken. Die gleiche Funktion haben auch elektronische Kaffeeküchen. Es handelt sich dabei nicht um reale Räume, sondern um Chats, bei denen sich die Teammitglieder über Projektthemen, aber auch über Privates austauschen können. Die Kommunikation in einer elektronischen Kaffeeküche ergibt sich nicht von alleine. Sie können sie stimulieren, indem Sie selbst zu einem E-Kaffee einladen.

Nutzen Sie Social Media

Die Social-Media-Plattformen bieten viele Kommunikationsfunktionen, die für den Austausch genutzt werden können. Manche Unternehmen haben eigene, firmeninterne Netzwerke, damit sich die Mitarbeiter innerhalb der elektronischen Mauern des Unternehmens austauschen können. Darin können auch unternehmensinterne Themen besprochen werden, die in öffentlichen Netzwerken selbstverständlich tabu sind.

Lassen Sie in Telefonkonferenzen persönliche Äußerungen oder Kommentare von Teammitgliedern zu. So zeigen Sie, dass auch Persönliches im virtuellen Team seinen Platz hat.

Neben der Gestaltung des virtuellen Raums ist es auch wichtig, die Kommunikation in virtuellen Teams gut zu gestalten. Dabei sollte auf die folgenden Punkte geachtet werden. **Effiziente Kommunikation**

Kommunizieren Sie Wichtiges zuerst

In den meisten virtuellen Teams bekommen die Teammitglieder zu viele Informationen. Wichtiges muss dann schnell von weniger Wichtigem unterschieden werden. Schon der Betreff einer E-Mail sollte deshalb einen Hinweis auf die Dringlichkeit der Nachricht enthalten. In einem Telefonat können Sie schon zu Beginn deutlich machen, ob das Gespräch dringend ist oder gegebenenfalls auf später verschoben werden kann. In Telefonkonferenzen ist eine Agenda das wichtigste Instrument, um die Informationen zu priorisieren.

Legen Sie Zeiten für die Kommunikation fest

Wenn die Informationen priorisiert sind, haben die Teammitglieder die Möglichkeit, sich die Kommunikationszeiten einzuteilen. Denn sie arbeiten ja hauptsächlich an ihrem jeweiligen Thema, und jede Unterbrechung der Arbeit durch einen Anruf ist für sie eine Störung. Untersuchungen belegen, dass es nach einer Störung bis zu 20 Minuten dauern kann, bis die volle Arbeitsleistung wiederhergestellt ist. Deshalb sollten Kommunikations- und Arbeitszeiten getrennt werden, sodass genügend Zeit bleibt, Arbeiten ungestört zu erledigen. Bearbeiten Sie zum Beispiel E-Mails nur morgens und abends und halten Sie sich den Rest des Tages für andere Tätigkeiten frei.

Wählen Sie das passende Kommunikationsmedium aus

Für die Kommunikation in einem virtuellen Team stehen Ihnen viele Medien zur Verfügung. Wählen Sie das zu Ihrem Kommunikationsanliegen passende Medium nach folgender Faustregel aus: Jede Kommunikation, bei der Sie ein Feedback des Gesprächspartners brauchen, sollte mündlich erfolgen. Alle Inhalte, die nachvollziehbar sein müssen, sollten Sie schriftlich mitteilen. Kommunizieren Sie außerdem mit jedem Teammitglied regelmäßig persönlich, indem Sie gelegentlich anrufen, statt eine E-Mail zu schreiben. Das überwindet die Isolation der Teammitglieder und festigt die Beziehung.

Medienplan Wer in einem virtuellen Team auf welche Weise und zu welchen Anlässen kommuniziert, wird in einem Medienplan festgelegt. Er enthält die folgenden Angaben:

- **Typ der Projektaktivität:** Typische Projektaktivitäten sind beispielsweise die Auftragserteilung, die Übergabe von Arbeitsergebnissen oder Teammeetings. Sie stellen Kommunikationsanlässe dar, sind also der Grund, warum kommuniziert wird.
- **Beteiligte Teammitglieder:** Hier werden alle Teammitglieder genannt, die voraussichtlich an der Kommunikation teilnehmen werden.
- **Kommunikationsmedium:** Jedem Kommunikationsanlass wird ein geeignetes Medium zugeordnet. Dazu gehören nicht nur die elektronischen Medien, sondern auch die verschiedenen Formen der direkten Kommunikation, falls es in diesem Projekt möglich ist, dass sich Mitglieder des virtuellen Teams treffen.
- **Form der Zeitangabe:** Sich auf eine Form der Zeitangabe festzulegen, hilft bei der Planung von Meetings und Gesprächen, und das gilt umso mehr, wenn die Teammitglieder in unterschiedlichen Zeitzonen arbeiten. Für regelmäßig stattfindende Projektmeetings ist es hilfreich, immer die gleiche Uhrzeit zu wählen.

Weitere Angaben zur Kommunikation können in einer zusätzlichen Spalte für Bemerkungen aufgenommen werden. Ein Beispiel eines Medienplans sehen Sie in Abbildung 12.

Medienplan

Typ der Projekt- aktivität	Beteiligte Team- mitglieder	Kommunikations- medium	Zeit- angaben in	Bemerkung
Teammeeting	Alle	Telefonkonferenz	GMT	Einladung über Outlook
Planungs- meeting	Projektleiter, PMO-Mitglieder	Webkonferenz	GMT	Einladung über Outlook
Auftrags- erteilung	Alle	E-Mail + Telefongespräch	GMT	Auftragsbestätigung innerhalb von 12 h, E-Mail immer in höchster Priorität senden
Anfrage	Alle	E-Mail	GMT	Reaktion innerhalb von 48 h
Übergabe von Arbeitsergebnissen	Produktions- team	Gemeinsames Laufwerk + E-Mail	GMT	Bestätigung der Über- gabe innerhalb von 24 h
Informations- mitteilung	Alle	E-Mail	GMT	Keine Reaktion erforderlich, E-Mail immer mit niedriger Priorität senden
Absprache	Alle	Telefongespräch	GMT	Absprache immer in MEMO zusammenfassen und an alle Teammitglieder senden
Konflikt	Alle	Telefongespräch	GMT	Anruf bei Auftreten des Konfliktes

Abb. 12: Der Medienplan legt fest, wie in einem virtuellen Team kommuniziert wird.

So organisieren Sie die Kommunikation in virtuellen Teams:

▨ Führen Sie zu Beginn des Projekts mit jedem Teammitglied ein Gespräch und nutzen Sie diese Gelegenheit auch zum Beziehungsaufbau, indem Sie sich über persönliche Dinge austauschen.
▨ Starten Sie das Projekt mit einem Kick-off-Meeting, bei dem die Teammit- glieder Gelegenheit haben, sich auch persönlich kennenzulernen.

- Führen Sie ein Feedbacksystem ein. Legen Sie fest, wer wem wie und wann Feedback gibt.
- Legen Sie fest, welche Medien für welche Kommunikationsinhalte verwendet werden, und dokumentieren Sie die Medien und ihre voraussichtliche Nutzung in einem Medienplan.
- Benennen Sie einen Verantwortlichen für den Medienplan. Er hält den Plan aktuell und sorgt dafür, dass alle Teammitglieder den Medienplan kennen.
- Legen Sie Antwortzeiten fest, geben Sie also zum Beispiel an, wie schnell eine E-Mail beantwortet werden soll.
- Legen Sie Zeiten fest, an denen die Teammitglieder erreichbar sein sollen.

Kompakt

Mit elektronischen Medien wird nicht nur **synchron** wie beim persönlichen Kontakt, sondern auch **asynchron**, das heißt zeitversetzt, kommuniziert.

Elektronische Medien vervielfältigen die Kommunikationsmöglichkeiten, verringern aber zugleich die **Informationsvielfalt** einer übertragenen Nachricht.

Nicht jedes Medium ist für jede Form der Kommunikation geeignet. Deshalb muss immer das **passende Medium** gewählt werden, wenn die Nachricht wirkungsvoll übermittelt werden soll.

Virtuelle Teams nutzen fast ausschließlich elektronische Medien, um zu kommunizieren. Der souveräne Umgang mit dieser Form der Kommunikation ist die Voraussetzung dafür, dass die Zusammenarbeit im Team funktioniert.

4. Management-kommunikation: Entscheider gewinnen

Indem sich der Chef für eine Sache interessiert,
verleiht er ihr Wichtigkeit.

CYRIL N. PARKINSON

Stellen Sie sich vor, Sie würden das volle Vertrauen der Entscheider genießen und könnten mit diesen selbst schwierige Themen konstruktiv verhandeln. Der Schlüssel zu diesem Erfolg liegt in einer erfolgreichen Managementkommunikation. Sie stellt nicht nur die Entscheider zufrieden, sondern kommt vor allem Ihnen als Projektleiter zugute. Sie vermittelt den wichtigen Stakeholdern die Sicherheit, dass Sie mit Ihrem Projekt auf dem richtigen Weg sind, und kann zugleich Ihre persönliche Stellung im Unternehmen stärken. Denn durch eine gute Kommunikation mit dem Management bauen Sie auch eine gute Beziehung zum Management auf und erhalten Informationen und Einblicke in Unternehmensstrukturen, die Ihnen sonst verborgen geblieben wären.

In diesem Kapitel erhalten Sie Antworten auf die folgenden Fragen:

- Wie kommuniziere ich erfolgreich mit Managern?
- Wie präsentiere ich mein Projekt bei Entscheidern?
- Wie informiere ich das Management?
- Wie eskaliere ich Probleme?
- Wie bekomme ich die Unterstützung des Managements für die Kommunikation über das Projekt?

Die Kommunikationsgewohnheiten des Managements

Mehrere Studien des Projektmanagementinstituts (PMI®) zum Erfolg von Projekten zeigen: Projekte können nur erfolgreich sein, wenn sie die Unterstützung des Managements haben. Die Managementkommunikation muss sicherstellen, dass das Management nicht nur zum Start hinter dem Projekt steht, sondern es kontinuierlich unterstützt. Diese Unterstützung müssen Sie sich jedoch erst erarbeiten, indem Sie sich auf die Kommunikationsgewohnheiten des Managements einstellen.

Projektkommunikation versus Managementkommunikation

Die Kommunikation im Projekt versorgt die Projektmitarbeiter mit Informationen. Diese sind notwendig, damit die Projektmitarbeiter ihre Tätigkeiten ausführen können. Deshalb müssen sie detailliert und konkret sein. Im Vordergrund steht immer die Frage: „Was muss der Empfänger der Nachricht wissen, damit er seinen Job machen kann?" Anders beim Management, hier steht eine andere Frage im Mittelpunkt: „Was nutzt das Projekt dem Unternehmen?" Denn während ein Projektmitarbeiter fragt: „Was muss getan werden?", fragt das Management: „Welchen Nutzen hat das?" Das heißt nicht, dass das Management nicht über den Projektinhalt informiert sein sollte – aber immer aus der Perspektive des Projektnutzens. Der Projektleiter ist dabei der Übersetzer, der die konkreten Informationen aus dem Projekt in die Sprache des Managements überträgt.

Managementkommunikation ist die Darstellung des Projektes im Hinblick auf die Interessen und die Perspektive der Unternehmensführung. Im Vordergrund stehen Nutzen, Anforderungen an Ressourcen und die voraussichtlichen Termine, an denen Ergebnisse erzielt werden.

Managertypen

Sie sollten sich bei der Kommunikation mit dem Management aber auch auf die unterschiedlichen Persönlichkeitstypen der verschiedenen Manager einstellen. Grundsätzlich kann man vier Managertypen unterscheiden, die jeweils auf eine andere Art und Weise informiert werden müssen:

Personenorientierte Manager

Sie kümmern sich um die Belange anderer und können ein klares Feedback geben. Für Sie ist es wichtig, eine gute Beziehung zu ihren Kollegen und ihren Mitarbeitern zu haben. Dabei engagieren sie sich sehr stark emotional und übersehen dabei manchmal kleinere Fehler. Sie werden lieber durch ein persönliches Gespräch als schriftlich informiert. Im Umgang mit diesem Managertyp sollten Sie darauf achten, für Ihre Versprechen einzustehen und Sie auch einzuhalten, damit Sie als verlässlicher Partner angesehen werden.

Umsetzungsorientierte Manager

Dieser Managertyp kann Sachverhalte schnell erfassen, sich gut konzentrieren und die wichtigen Punkte präzise herausarbeiten. Er arbeitet strukturiert und es fällt ihm leicht, Inkonsistenzen in der Kommunikation aufzudecken. Manager dieses Typs sind jedoch auch schnell ungeduldig. Oft ziehen sie vorschnell Schlussfolgerungen, weil sie dem Gesprächspartner gedanklich schon vorausgeeilt sind. Die Sachebene steht bei ihnen immer über der Beziehungsebene. In der Kommunikation mit umsetzungsorientierten Managern sollten Sie klare Prioritäten setzen. Vertrauen gewinnen Sie, indem Sie zeigen, dass das Projekt gut organisiert ist und dass Sie die Probleme im Griff haben bzw. diese gut an die Entscheider eskalieren können.

Inhaltsorientierte Manager

Diese Gruppe schätzt fachliche, sachbezogene Informationen und legt besonderen Wert auf die Klarheit der Kommunikation. Manager dieses Typs wollen andere für ihre Ideen gewinnen und erwarten auch von Ihnen, dass Sie dementsprechend handeln. Komplexe Informationen sind für sie eine willkommene Herausforderung, und sie können diese schnell analysieren. Zu den Schwächen dieser Manager gehört, dass sie oft zu detailorientiert sind und dazu neigen, das große Bild aus den Augen zu verlieren. Aus diesem Grund irritieren sie andere gelegentlich durch Fragen, die zu sehr ins Detail gehen. Inhaltsorientierte Manager brauchen lange, bis sie eine Entscheidung fällen. Deshalb müssen Sie sie für zeitkritische Themen besonders sensibilisieren. Mit Detailinformationen aus dem Projekt geben Sie diesen Managern die Sicherheit, alles verstanden zu haben, sodass sie schneller zu einer Entscheidung kommen. Informationen werden dabei besonders gut akzeptiert, wenn sie von einem anerkannten Experten dargestellt werden. Nehmen Sie also einen Experten aus dem Projekt mit zum Meeting bzw. zur Präsentation.

Zeitorientierte Manager

Diese Manager achten sehr auf ihr eigenes Zeitmanagement und das der anderen. Meetings müssen eine Agenda mit Zeitangaben haben. Bei Gesprächen muss klar sein, wie viel Zeit diese erfordern. Wortreiche Redner und lange Texte werden als Zeitverschwendung angesehen. Manager dieses Typs werden schnell ungeduldig und unterbrechen langatmige Redner. Sie verlieren schnell die Konzentration, wenn Details behandelt werden. Detailfragen, aber auch eine kreative Suche nach Lösungen sind der Zeitorientierung untergeordnet. Vor der Kommunikation mit dem Managertyp sollten die Fakten deshalb klar recherchiert sein, damit sie schnell und zielgerichtet dargestellt werden können.

Instrumente der Managementkommunikation: Projektauftrag und Projektmemorandum

Projektauftrag

Ein erster wichtiger Schritt in der Managementkommunikation ist der Projektauftrag. Dabei handelt es sich um eine schriftliche Vereinbarung mit den Stakeholdern über die Durchführung des Projekts. Aus den Informationen im Projektauftrag müssen die Manager ersehen können, dass das Projekt einen Nutzen für das Unternehmen bringt. Folgende Punkte sollte der Projektauftrag enthalten:

- Beschreibung des Problems, das mit dem Projekt gelöst werden soll
- Ziel des Projektes, das zeigt, wie das Problem nach der Realisierung gelöst ist
- Die Beschreibung der Annahmen und Bedingungen, unter denen der Projektleiter das Projekt durchführt
- Quantitative und qualitative Verbesserungen, welche durch das Projekt erreicht werden
- Die dafür erforderlichen Aufwendungen, das Projektbudget und der Zeitplan für die Realisierung

Der Projektauftrag ist in der Regel ein strukturiertes Word-Dokument. Die Beschreibung der einzelnen Punkte muss darin kurz, knapp, aber zugleich umfassend sein. Oder mit anderen Worten: Es muss alles darin stehen, aber so kurz wie möglich. Oft werden solche Projektaufträge für das Management lesbarer, wenn sie in Powerpoint-Folien übersetzt werden.

Der Projektauftrag sollte sich nicht nur auf die zu realisierenden Ziele beschränken, sondern auch das eindeutig benennen, was durch das Projekt nicht realisiert wird. So kommt es nicht zu Enttäuschungen, die dann entstehen, wenn Stakeholder beim Ergebnis des Projektes Leistungsmerkmale vermissen, deren Realisierung sie stillschweigend vorausgesetzt haben.

Um das Management über den Projektverlauf in Kenntnis zu setzen, wird eine zusammengefasste Darstellung des Projektplans erstellt, die man als Projektmemorandum bezeichnet. Der Projektplan ist eine Sammlung von strukturierten Dokumenten, die beschreiben, wie das Projekt durchgeführt wird. Sie sind für die operative Steuerung des Projekts gedacht. Für das Management wäre es zu aufwendig, sich in diese detaillierte Dokumentation einzulesen. Es muss aber dennoch über die wesentlichen Ergebnisse des Projektes informiert sein und die Vorgehensweise einschließlich der Kosten und Risiken billigen. Ein Projektmemorandum übersetzt deshalb die Projektplanung in die Sprache des Managements und der Stakeholder. Ziel ist, dass diese auf der Basis des Projektmemorandums dem Projektplan zustimmen. Das Projektmemorandum enthält folgende Elemente:

Projekt-
memorandum

- **Business Case:** Der Business Case legt dar, welche Kosten das Projekt hat und welche Ergebnisse und Einsparungen dadurch erzielt werden.
- **Zeitplan:** Der Zeitplan zeigt, in welcher Reihenfolge die Arbeiten erledigt werden und welche Zeit dafür erforderlich ist. Das Kommunikationsinstrument hierfür ist ein Meilensteinplan. Dieser enthält nur die wichtigsten Ereignisse im Projekt, mit denen der Fortschritt beurteilt werden kann.
- **Budget:** Neben der Zeitplanung ist das notwendige Budget für das Projekt eine der wichtigsten Größen für das Management,

denn es muss das Budget in der Finanzplanung des Unternehmens berücksichtigen.

- **Ressourcen:** Die Ressourcen für das Projekt sind sowohl die Mitarbeiter des Unternehmens als auch externe Mitarbeiter, die für die Erledigung der Projektaufgabe benötigt werden, außerdem alle Aufwendungen für die Infrastruktur des Projektes.
- **Umfang und Inhalt:** Umfang und Inhalt des Projektes beschreiben den Projektgegenstand, also die Aufgabenstellung des Projektes und das dadurch erzielte materielle und immaterielle Ergebnis.
- **Projektstrukturplan:** Der Projektstrukturplan ist eine strukturierte Zusammenstellung der Projektergebnisse.

Stimmen Sie mit dem Stab des Projektauftraggebers die Form des Projektmemorandums ab. Stäbe kennen die Kommunikationsvorlieben ihrer Chefs und können Ihnen nützliche Tipps geben.

Das Projekt beim Management präsentieren

Wenn ein Projektleiter vor dem Management oder dem Lenkungsausschuss sein Projekt präsentieren soll, löst das in den meisten Fällen Stress aus. Nicht dass dies eine unlösbare Aufgabe wäre, doch eine solche Präsentation kann nicht nur über das Schicksal des Projekts, sondern auch über das des Projektleiters entscheiden. Studien des Harvard Business Review haben herausgefunden, dass die Karriere eines Projektleiters von seiner Kommunikationsfähigkeit abhängt. Und am sichtbarsten wird diese Fähigkeit bei einer Präsentation vor dem Management.

In der Managementpräsentation werden die Entscheider über das Projekt oder dessen Status informiert. Die Präsentation muss die Entscheider mit den Informationen versorgen, die sie benötigen, um den Stand des Projektes beurteilen und Entscheidungen treffen zu können.

Eine Projektpräsentation vor dem Management kann für Ihr Projekt entscheidend sein. Es ist daher wichtig, sich gut vorzubereiten, damit Sie nichts Wichtiges übersehen. Das gilt vor allem für den Inhalt. Manager lassen sich meist nicht durch schöne Folien täuschen, sondern legen sehr schnell den Finger in die Wunde, wenn etwas inhaltlich nicht stimmt.

Mit folgenden Fragen bereiten Sie sich auf eine Managementpräsentation vor:

- Wer sind die Schlüsselpersonen in der Zuhörergruppe?
- Welche Informationen haben die Schlüsselpersonen über das Projekt?
- Wie stehen die Schlüsselpersonen zum Projekt?
- Wie groß ist meine Autorität bei der Zuhörergruppe?
- Welche Unterstützung brauche ich, damit man mich akzeptiert?
- Mit welchen Fragen werden die Teilnehmer mich konfrontieren?
- Welche Informationen erwarten die Zuhörer?
- Welche kritischen Stimmen gibt es und worauf beziehen sie sich?
- Welche Personen sind durch das Projektergebnis so betroffen, dass sie Macht und Einfluss verlieren könnten?

Der Erfolg einer Managementpräsentation hängt nicht nur von der Präsentation selbst ab, sondern auch davon, wie gut Sie als Projektleiter die Fragen der Zuhörer beantworten können. Selbst wenn Sie Ihr Projekt aus dem Effeff kennen, gibt es Fragen, auf die Sie keine Antworten haben, sei es, weil Ihnen Zahlen fehlen oder weil Ihnen keine schlüssige Begründung einfällt. Deshalb sollen Sie so gut wie möglich die Fragen der Zuhörer vorhersehen.

Machen Sie mit Ihrem Projektteam oder ausgewählten Projektmitarbeitern ein Brainstorming, um die Fragen der Zuhörer vorwegzunehmen. Sie können sich dann schon die Antwort überlegen, bevor die Frage in der Präsentation gestellt wird.

Die Fragen, die während oder im Anschluss an die Präsentation gestellt werden, lassen sich in die folgenden Gruppen einteilen:

- **Direkte Fragen:** Eine direkte Frage beginnt oft mit der Redewendung: „Was können Sie mir über den folgenden Punkt sagen?" Bei einer direkten Frage erwartet der Fragesteller eine konkrete Antwort, mit der Sie den Sachverhalt detaillierter darstellen. Er möchte prüfen, ob er einen Sachverhalt richtig verstanden hat. Wenn er selbst etwas in eigenen Worten zusammenfasst, bestätigen Sie seine Aussagen oder korrigieren Sie sie gegebenenfalls.
- **Logische Fragen:** Logische Fragen erkennen Sie an Formulierungen wie: „Sie haben gesagt, dass …, aber …?" Die Frage verweist auf einen scheinbaren logischen Widerspruch. Auf diese Weise testet der Fragesteller, ob die Aussagen in der Präsentation logisch sind. Sie verteidigen Ihre Argumentation am besten mit weiteren Hintergrundinformationen.
- **Erfahrungsfragen:** Der Zuhörer konfrontiert Sie mit seiner eigenen Erfahrung und versucht auf diese Weise, Ihr Argument zu widerlegen. Eingeleitet wird eine solche Frage typischerweise mit folgender Formulierung: „Ich habe das, was Sie vorschlagen, schon probiert, und das Ergebnis war …" Dem können Sie mit Ihrer eigenen Erfahrung oder der Erfahrung des Teams begegnen.

Jeder Manager hat in seinem Leben Hunderte von Präsentationen gesehen. Die meisten davon perfekt gestaltet und gut präsentiert. Ihre Präsentation hat also jede Menge Konkurrenz, und mit professionell gestalteten Vertriebspräsentationen werden Sie kaum mithalten können, denn diese werden oft von Agenturen erstellt und bei vielen Kunden erprobt. Konzentrieren Sie sich bei Ihrer Managementpräsentation deshalb auf das Wesentliche. Strukturieren Sie die Präsentation so, dass die Zuhörer gut folgen können. Versetzen Sie sich in die Perspektive der Zuhörer. Diese interessiert vor allem, wie schon erwähnt, der Nutzen, die Kosten und der Termin.

Im Hinblick darauf sollten Sie Ihre Folien erstellen. Die Folien sollten kein Eigenleben entwickeln, sondern die Präsentation unterstützen. Vermeiden Sie auch komplizierte Darstellungen, die die Zuhörer überfordern könnten, halten Sie stattdessen die Folien einfach. Nicht die Folien, sondern Sie als Projektleiter und Ihre Aussagen stehen im Mittelpunkt. Gute Folien unterstützen und verstärken die Aussage.

So gelingt die Managementpräsentation:

- Sind Sie auf die Präsentation gut vorbereitet?
- Konzentriert sich Ihre Präsentation auf die Punkte, die für Entscheidungen über den Fortgang des Projektes wichtig sind?
- Sind die Informationen verständlich und nachvollziehbar aufbereitet?
- Haben Sie sich Antworten auf mögliche Fragen zurechtgelegt?
- Steht die Kernaussage am Anfang der Präsentation?
- Sind Sie in der Lage, selbstbewusst zu präsentieren?

Machen Sie es wie im Theater: Proben Sie Ihre Präsentation vor ausgewählten Projektmitarbeitern. So üben Sie nicht nur, sondern entdecken vielleicht noch die eine oder andere Schwachstelle.

Das Management richtig informieren

Es ist nicht Aufgabe des Managements, Informationen zusammenzutragen, Handlungsoptionen für das Projekt zu identifizieren und deren Auswirkungen zu analysieren – das ist Ihre Aufgabe als Projektleiter. Aufgabe des Managements ist es, auf der Basis Ihrer Informationen Entscheidungen zu treffen. Dazu müssen Sie die Informationen so aufbereiten, dass Sie von Ihrem Management verstanden werden.

Vor jeder ausführlichen Information – sei es ein Bericht oder eine Präsentation – sollte eine sogenannte Managementzusammenfassung vorangestellt werden. Mit deren Hilfe können die Entscheider abschätzen, wie relevant die ausführliche Information ist, und sie haben eine Zusammenfassung der wichtigsten Punkte für weitere Gespräche.

Management-zusammenfassung

Eine Managementzusammenfassung ist die Zusammenstellung aller entscheidungsrelevanten Informationen auf maximal einer Seite.

Die Managementzusammenfassung sollte auf die folgenden Fragen eine Antwort geben:

- *Worum geht es?* Das Management muss anhand des ersten Satzes das Thema einordnen können, also beispielsweise erkennen, ob es um einen Change Request, die Lösung eines Problems oder eine Ressourcenfrage geht.
- *Welche Entscheidung ist zu treffen?* Im zweiten Satz sollte das Management erfahren, was zu entscheiden ist, zum Beispiel: „Es ist zu entscheiden, welche der identifizierten Maßnahmen zur Risikominimierung beim eingetretenen Risiko zu ergreifen ist."
- *Welche Optionen gibt es?* Anschließend werden die Optionen genannt, die das Management hat. Auch wenn es scheinbar nur eine Option gibt, existiert daneben immer noch die Alternative, nichts zu tun. Stellen Sie dar, nach welchen Kriterien Sie die Vorauswahl für die Entscheidung getroffen haben. Das Management muss Ihre Empfehlung nachvollziehen können.
- *Welche dieser Optionen wird empfohlen?* Am Schluss geben Sie eine Empfehlung für die Entscheidung und begründen diesen Vorschlag. Dieses Fazit muss so formuliert sein, dass es direkt weiterkommuniziert werden kann.

So erstellen Sie eine gute Managementzusammenfassung:

- Auch ohne die Kenntnis des vollständigen Dokuments muss die Zusammenfassung verständlich sein und alle wichtigen Informationen enthalten.
- Die Zusammenfassung muss so wie das Hauptdokument gegliedert sein, damit die Detailinformationen nachgeschlagen werden können.
- Jede Hauptaussage sollte in einem eigenen Satz genannt werden.
- Entscheidungsalternativen und ihre jeweiligen Konsequenzen müssen benannt werden.

Probleme erfolgreich eskalieren

Der Projektleiter wird dafür bezahlt, die während des Projektes auftretenden Probleme zu managen. Aber nicht immer liegt es in seiner Hand, ein Problem zu lösen, denn es kann vorkommen, dass seine Einflussmöglichkeiten an Grenzen stoßen. Dann muss er das Problem eskalieren. Im Wort „Eskalation" steckt das lateinische „scalae" – „die Leiter" –, was bildlich ausdrückt, dass das Problem die Stufenleiter der Hierarchie hinaufgetragen wird.

Eine Eskalation ist eine mehr oder minder geregelte Vorgehensweise, um Probleme oder Risiken „nach oben" zu kommunizieren, und zwar dann, wenn Entscheidungen auf einer niedrigeren Ebene des Projektteams nicht getroffen werden können oder dürfen.

Typische Probleme für eine Eskalation sind Ressourcenkonflikte: Es könnte beispielsweise sein, dass ein wichtiger Experte nicht für das Projekt freigestellt wird. Können sich in einem solchen Fall der Projektleiter und der Linienvorgesetzte nicht einigen, dann muss der Konflikt zur nächsthöheren Managementebene eskaliert werden. Denn nur dort kann entschieden werden, wer zurückstehen muss: das Projekt oder die Linie. Bei der Eskalation kommt es darauf an, dass die richtigen Probleme zur richtigen Zeit an die richtige Stelle getragen werden.

Eskalieren Sie ein Problem nur dann, wenn Sie die folgende Frage eindeutig mit „Ja" beantworten können: „Habe ich alles unternommen, was in meiner Macht steht, um das Problem zu lösen?" Diese Frage sollten Sie auch mit dem gesamten Projektteam diskutieren. Wenn Sie und das Projektteam sich sicher sind, dass es auf der Ebene des Projektes keine Lösung gibt, dann ist Eskalation keine Schwäche, sondern die professionelle Form, das Problem zu lösen.

Es genügt jedoch nicht, ein Problem einfach zu eskalieren. Denn wie auch immer die Eskalation ausgeht, Sie müssen mit dem Ergebnis leben. Deshalb sollten Sie sich die Frage stellen: „Was will ich mit der Eskalation erreichen?" Nach der Eskalation muss das Problem so geklärt sein, dass Sie das Projekt erfolgreich fortsetzen können.

Wenn Sie sich entscheiden, ein Problem zu eskalieren, sollten Sie sich gut darauf vorbereiten. Beachten Sie dazu die folgenden Punkte:

Sichtweise der Projektmitarbeiter

Eine Eskalation sollte keine einsame Entscheidung des Projektleiters sein. Klären Sie, wie die Projektmitarbeiter die Problemsituation sehen und bewerten. Auf diese Weise erkennen Sie, welche Rückendeckung Sie im Projektteam für die Eskalation haben. Je eindeutiger sich das Team positioniert, desto besser können Sie die Probleme eskalieren.

Rückendeckung durch das Linienmanagement

Der Projektleiter sollte sich auf die Unterstützung des eigenen Vorgesetzten verlassen können. In der Realität ist das jedoch leider nicht immer der Fall. Im Vorfeld der Eskalation sollte die Projektleitung deshalb die Probleme einschließlich der Konsequenzen und Empfehlungen sowie das Vorgehen mit dem Vorgesetzten bzw. dem Linienvertreter im Lenkungsausschuss ausführlich besprechen. Denn Ihr Vorgesetzter muss das Problem verstehen und Sie bei der Lösung unterstützen.

Stufengerecht eskalieren

Nicht jedes Problem muss gleich an den Lenkungsausschuss eskaliert werden. Ressourcenkonflikte mit einem Linienvorgesetzten können auch auf der Ebene Ihres Vorgesetzten und des Vorgesetzten des Mitarbeiters geklärt werden. In den meisten Fällen ist der Adressat für die Eskalation bekannt, denn er ergibt sich aus der Organisationsstruktur des Projekts bzw. des Unternehmens. Gelegentlich lohnt es sich jedoch, zu hinterfragen, wer in dem speziellen Fall der richtige Ansprechpartner für die Eskalation sein könnte, denn oft kann das Problem auch in einem kleineren Kreis geklärt werden.

Wer eskaliert, kann in die politischen Spiele von Entscheidungsgremien verwickelt werden. Aus diesem Grund ist es ratsam, im Vorfeld informelle Beziehungen zu nutzen. Die Unterstützung eines Machtpromotors im Lenkungsausschuss kann in heiklen Fällen den Entscheidungsprozess in die gewünschte Richtung lenken.

Unterstützung suchen

Problem prägnant präsentieren

Hier gelten die gleichen Regeln wie bei jeder Managementpräsentation: Stellen Sie das Problem kurz, aber inhaltlich vollständig dar. Bereiten Sie sich auf kritische Fragen vor, damit Sie Ihre Eskalation verteidigen können. Erläutern Sie zu Beginn Ihrer Präsentation die Hintergründe und Ziele der Eskalation. Erklären Sie, warum das Problem im Team nicht geklärt werden konnte, und machen Sie deutlich, welchen Stellenwert diese Sitzung für den Projektfortschritt hat.

Diskussionsprozess beeinflussen

Eskalationen sind auch für das Management, das darüber entscheiden muss, keine einfache Sache, da zunächst unterschiedliche Meinungen und Interessen ausgehandelt werden müssen. Deshalb neigen Entscheidungsgremien oft dazu, erst einmal nichts zu entscheiden. Für Sie bedeutet das, dass Sie genau beobachten sollten, welche Probleme oder Lösungen die Mitglieder des Lenkungsausschusses übereinstimmend betrachten und zu welchen es unterschiedliche oder gar konträre Meinungen gibt. Dabei sind nicht nur die Sachthemen wichtig, auch der Gruppenprozess spielt eine Rolle: Wer stimmt zu? Wer schüttelt den Kopf? Wer stellt besonders kritische Fragen? Wer ist am Klärungsprozess interessiert und wer nicht? Wer wendet sich in der Diskussion an wen? Wer schaut nervös auf die Uhr? Versuchen Sie den Prozess in Ihrem Sinne zu beeinflussen. Fassen Sie schließlich das Ergebnis der Diskussion aus Ihrer Sicht zusammen und erläutern Sie, welche Konsequenzen es für das Projekt hat, wenn es zu keiner Einigung kommt.

Klare und verbindliche Entscheidungen fordern

Bevor Sie die Sitzung verlassen, sollten Sie prüfen, ob das Gremium das Problem verstanden hat und die Positionen klar sind. Fragen Sie sich selbst, ob Sie eine Entscheidung bekommen haben, mit der Sie weiterarbeiten können. Wenn die Entscheider mehr Informationen von Ihnen fordern, die Entscheidung vertagen wollen oder die Lösung sogar Ihnen überlassen, dann ist Ihr Ziel in Gefahr. Machen Sie an dieser Stelle nochmals klar, welche Probleme durch eine Nichtentscheidung verursacht werden.

So stellen Sie fest, ob Ihre Eskalation erfolgreich war:

- Was genau sind die Resultate, mit denen Sie die Sitzung verlassen?
- Sind die Zielkonflikte im Entscheidungsgremium geklärt?
- Sind Sie mit den Ergebnissen zufrieden?
- Haben Sie den Eindruck, dass Sie sich auf Entscheidungen verlassen können?

In Abstimmung mit dem Management unternehmensintern über das Projekt kommunizieren

Ein Projekt ist dann wichtig, wenn es die Aufmerksamkeit des Managements hat, wenn der Projektleiter darauf verweisen kann, dass es vom Management Board beschlossen wurde, oder noch besser, wenn der Geschäftsführer oder ein Mitglied des Management Boards die Wichtigkeit des Projektes zum Ausdruck bringen. Diese Unterstützung erhalten Sie als Projektleiter aber nur dann, wenn Sie und das Management eine gemeinsame Sprache sprechen und ein gemeinsames Verständnis vom Projekt entwickeln können. Warten Sie nicht, bis das Management auf Sie zugeht. Suchen Sie das persönliche Gespräch, um die Sicht des Managements zum Projekt zu verstehen und zu beeinflussen.

Rundmails und Artikel Die Unterstützung des Managements zeigt sich für die Mitarbeiter im Unternehmen besonders dann, wenn ein Mitglied des Managements eine Rundmail zum Projekt verfasst oder prominent in einem Artikel zum Projekt Stellung nimmt. Dadurch, dass ein Manager seinen Namen mit dem Projekt verbindet, entsteht automatisch die zusätzliche Botschaft: „Dieses Projekt ist mir persönlich wichtig." Solche Artikel schreibt jedoch nicht der Manager selbst, sondern sein Stab, die Kommunikationsabteilung oder eine Agentur. Der Inhalt für diese Rundmails oder Artikel muss aus dem Projekt kommen.

Freigabeprozess

Die Kommunikation über das Projekt muss immer in Übereinstimmung mit der Gesamtstrategie des Unternehmens erfolgen. Deshalb sollte alles, was über das Projekt kommuniziert wird, vom Management freigegeben werden. Abbildung 13 zeigt den Entstehungs- und Freigabeprozess für einen Artikel. Achten Sie als Projektleiter darauf, dass Sie bei der endgültigen Freigabe eingebunden sind.

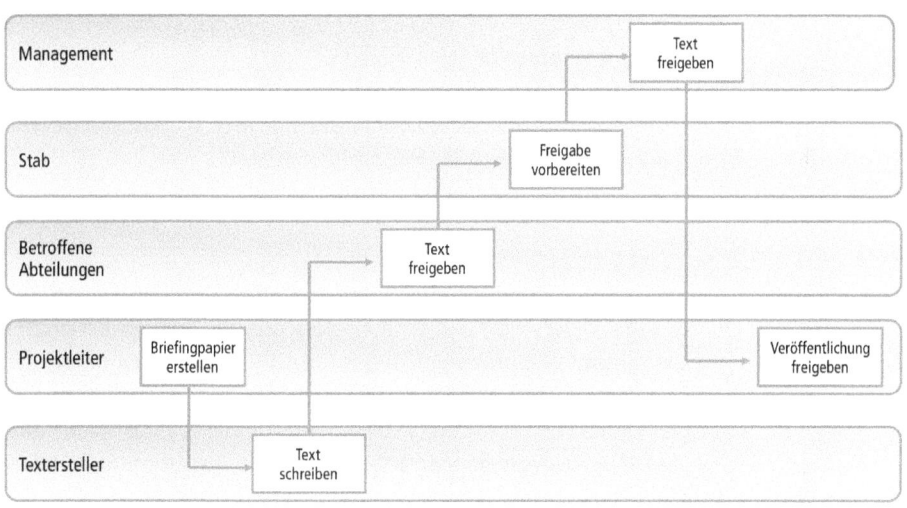

Abb. 13: Ein definierter Freigabeprozess verhindert Pannen.

Briefingpapier

Die Initiative für einen solchen Artikel kann vom Projekt oder vom Manager ausgehen. Die Abstimmung des Inhalts, die den Rahmen für die Rundmail oder den Artikel setzt, erfolgt in der Regel über den Stab. Das Projekt hat jetzt die Aufgabe, die Fakten und Ansichten so aufzubereiten, dass daraus ein professioneller Text geschrieben werden kann. Dies geschieht, indem der Projektleiter oder das für die Kommunikation verantwortliche Projektteam ein sogenanntes Briefingpapier erstellt.

Ein Briefingpapier ist die Informationsbasis für die Erstellung von Artikeln, Rundmails oder Intranetseiten. Es enthält alle Informationen über das Thema und beschreibt, in welcher Form diese Informationen aufbereitet werden.

Diese Fragen helfen Ihnen, ein Briefingpapier zu erstellen:

- Wie lautet der Titel des Beitrags?
- Zu welchem Themenkomplex gehört der Text?
- Was ist der Kommunikationsanlass?
- Wer ist an dem Projekt beteiligt oder davon betroffen?
- Welche Inhalte sollen kommuniziert werden?
- Welchen Appell soll der Artikel enthalten?
- Welche Botschaften sollen übermittelt werden?
- Mit welchem Medium soll kommuniziert werden?
- Wer ist für den Inhalt verantwortlich?

Anhand des Briefingpapiers wird der erste Entwurf des Artikels verfasst. Dieser wird dann mit allen an der Information Beteiligten abgestimmt und im Verlauf dieses Prozesses verändert und ergänzt. Vor der Freigabe kann der Artikel nochmals bearbeitet werden. Dabei sollten die Änderungswünsche berücksichtigt werden, ohne dass dabei der rote Faden verloren geht. Die Abstimmung mit dem Management erfolgt meistens über dessen Stab, der den Artikel prüft und oft nochmals bearbeitet. Erst dann wird er dem Manager zur Freigabe vorgelegt.

Nutzen Sie die Erstellung einer Rundmail oder eines Artikels auch als Gelegenheit, um mit dem Management über das Projekt zu sprechen. Dies ist immer eine Chance, um ein gemeinsames Verständnis vom Projekt zu entwickeln.

Die **Kommunikation mit dem Management** stellt den Projektverlauf, die Probleme und Ergebnisse aus dem Blickwinkel des Managements dar.

Projektauftrag und **Projektmemorandum** sind wichtige Instrumente für die Kommunikation mit dem Management. Mit ihnen stimmen Sie Projektinhalt und Projektverlauf mit dem Management ab.

Die **Managementzusammenfassung** stellt Informationen für das Management konzentriert auf einer Seite dar.

Mit der **Eskalation** wird ein auf der Projektebene nicht lösbares Problem auf die nächste Managementebene getragen, damit es dort gelöst werden kann.

Die **unternehmensinterne Kommunikation über das Projekt** muss mit dem Management abgestimmt werden, damit sie in Übereinstimmung mit der Gesamtstrategie des Unternehmens erfolgt. Hilfreich dafür ist ein **Briefingpapier,** das alle wichtigen Informationen enthält.

5. Projektmarketing: tue Gutes und rede darüber

Marketing heißt, mit den Köpfen der Kunden denken.

Hans-Jürgen Quadbeck-Seeger

Ist Ihr Projekt eine Pflanze, die im Verborgenen blüht? Wer diese Frage mit Ja beantwortet, sollte etwas ändern. Denn Projekte, die im Unternehmen bekannt sind und einen guten Ruf haben, verschaffen dem Projektleiter ein besseres Standing beim Management, sodass es für ihn leichter ist, etwas für das Projekt durchzusetzen. Aber auch die Stakeholder werden mehr Interesse zeigen, da die Beteiligung am Projekt umso attraktiver ist, je bekannter es ist. Ein guter Ruf des Projekts macht es auch leichter, Mitarbeiter zu gewinnen und im Projekt zu halten, da ihre Mitarbeit als künftige Referenz dadurch an Wert gewinnt. Nicht zuletzt werden diejenigen, die vom Projekt betroffen sind, das Ergebnis mit einer positiven Grundstimmung aufnehmen, wenn das Projekt bereits bekannt ist und einen guten Ruf hat.

In diesem Kapitel erhalten Sie Antworten auf die folgenden Fragen:

- Warum muss ich für mein Projekt werben?
- Was beeinflusst die Bekanntheit des Projektes?
- Wie wecke ich Interesse für das Projekt?
- Welche Möglichkeiten habe ich, mein Projekt bekannt zu machen?
- Wie organisiere ich einen Projektevent?
- Wie nutze ich soziale Netzwerke für das Projektmarketing?

Warum Projektmarketing?

Ein Projekt ist wie ein Unternehmen im Unternehmen. Wie bei jedem Unternehmen reicht es nicht, wenn die Beteiligten einen guten Job machen. Das Projekt muss sowohl von den Projektmitarbeitern als auch von den anderen Stakeholdern positiv wahrgenommen werden.

Projektmarketing ist die Präsentation und Darstellung des Projekts in seinem Umfeld. Ziel ist, die Akzeptanz aller Beteiligten und Betroffenen zu steigern und die Wahrnehmung des Projekts durch das Projektumfeld positiv zu beeinflussen.

Projektmarketing ist mehr als nur ein schönes Anhängsel zum Projekt, dem man sich in der Zeit, die das Projekt übrig lässt, widmen kann. Sie sollten vielmehr das Projektmarketing sehr ernst nehmen, denn es hilft Ihnen, Ihr Projekt in der Organisation zu etablieren und es bekannt zu machen. Das ist nicht zuletzt das beste Mittel, um zu verhindern, dass Ihr Projekt unbemerkt versandet.

Ein Projekt, das nicht gesehen wird, existiert nicht. Transparenz über die Leistung des Projektes ist die Basis, damit es sichtbar wird. Schon eine Veröffentlichung auf der Intranetseite des Unternehmens oder in der Kundenzeitschrift trägt dazu bei, dass Ihr Projekt wahrgenommen wird und ein gutes Image bekommt. Dies ist wiederum die Voraussetzung dafür, dass Sie Mitarbeiter und Stakeholder gewinnen. **Transparenz**

Für den Projekterfolg ist es zudem wichtig, dass sich möglichst alle Beteiligten und Betroffenen mit dem Projekt identifizieren. Durch das Projektmarketing können Sie die Identifikation fördern und so dazu beitragen, dass die Mitarbeiter für das Projekt vollen Einsatz bringen und gemeinsam durch dick und dünn gehen – auch dann, wenn es schwierig wird. **Identifikation**

Kooperation mit anderen Abteilungen	Bedenken Sie auch, dass Ihr Projekt nicht allein auf weiter Flur ist. Es gibt viele andere Projekte, also jede Menge Konkurrenz. Je attraktiver Sie Ihr Projekt darstellen, umso leichter gestaltet sich die erfolgreiche Kooperation zwischen den Abteilungen zugunsten Ihres Projekts. Durch gelungenes Projektmarketing sprechen Sie die Mitarbeiter an – und selbstverständlich auch deren Vorgesetzte.
Eigenmarketing	Denn eines sollten Sie nicht übersehen, wenn Sie die Bedeutung des Projektmarketings einschätzen: Sie arbeiten mit jedem Projekt gleichzeitig auch an Ihrer Karriere. Nur in den seltensten Fällen werden andere für Sie Werbung machen, meistens müssen Sie dies selbst tun. Vermarkten Sie deshalb auch Ihren persönlichen Erfolg.
Vertrauen bilden	Für die Ergebnisse Ihres Projekts gilt eine Regel, die Sie jeder Verkäufer lehren kann: „Wenn der Kunde mir vertraut, dann kauft er auch meine Ware." Wenn die Nutzer der Projektergebnisse also darauf vertrauen, dass Sie ein gutes Ergebnis abliefern, dann rennen Sie bei der Implementierung offene Türen ein. Es lohnt sich also, durch Projektmarketing dieses Vertrauen zu bilden.
Projektidee vermarkten	Dass es beim Projektmarketing nicht zuletzt darum geht, Ihr Projekt gut zu verkaufen, wird naturgemäß vor allem bei Kundenprojekten besonders spürbar. Sie starten oft nicht mit einem konkreten Projektauftrag, sondern mit einer Projektidee, die Ihr Unternehmen an den Kunden heranträgt. Diese Idee ist anfangs noch ein zartes Pflänzchen, das dem Kunden sorgsam verkauft werden muss, um daraus gemeinsam mit dem Kunden ein Projekt zu entwickeln.
Marktpräsenz verbessern	Generell gilt: Kunden müssen wahrnehmen, dass Ihr Unternehmen Projekte professionell managen kann. Mit Projektmarketing stellen Sie Ihre Projektergebnisse dar und demonstrieren zugleich potenziellen Kunden Ihr Know-how im Projektmanagement. Für die Marketingabteilung Ihres Unternehmens gibt es nichts Besseres als gelungene Referenzprojekte, auf die sie verweisen kann, und Ihr Projekt kann eines davon sein.

Apple macht es vor: Nicht nur das Produkt zählt, sondern auch die Verpackung. Ein Projekt, dessen Nutzen und Erfolge gut dargestellt werden, lenkt die Aufmerksamkeit genau auf diese Punkte. Und vor allem gilt: Gutes Projektmarketing wertet das Projekt auf. Sehen Sie das Projektmarketing also nicht als ein nebensächliches Anhängsel, sondern begreifen Sie es als eine zentrale Aufgabe. Das kommt Ihrem Projekt und auch Ihnen als Projektleiter zugute.

Das Projekt bekannt machen

Das klassische Marketing zielt darauf ab, ein Produkt bekannter zu machen. Dabei platziert die Organisation ein Produkt auf dem Markt und präsentiert es der Zielgruppe. Organisation, Produkt und Zielgruppe bilden somit das klassische Dreieck des Produktmarketings. Beim Projektmarketing wird das Projekt den Stakeholdern vom Projektteam präsentiert. Das Ziel ist auch hier, die Bekanntheit – in diesem Fall des Projekts – zu steigern. In Abbildung 14 ist das Dreieck des Projektmarketings dargestellt.

Marketingdreieck

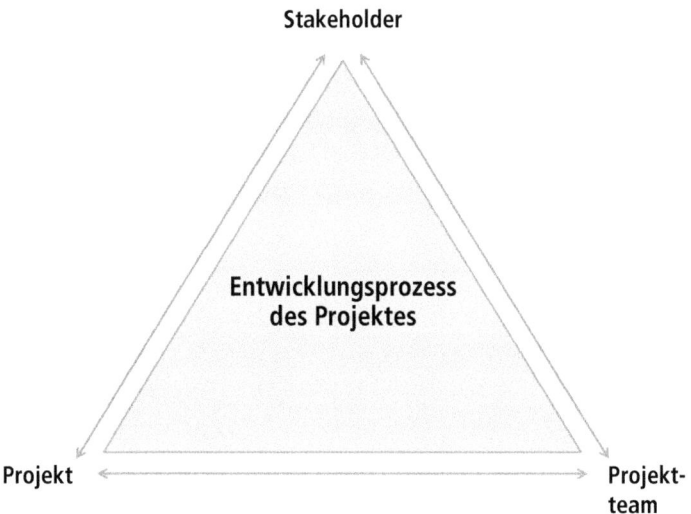

Abb. 14: Projekt, Projektteam und Stakeholder beeinflussen sich gegenseitig.

Um das Projekt bekannter zu machen, kann das Projektteam an folgenden Stellschrauben drehen:

- **Projektpolitik:** Sie kann das Projekt so gestalten, dass es für die Stakeholder attraktiv ist. Zum Beispiel können im Projekt innovative Lösungen eingesetzt werden, wenn sich die Stakeholder als Vertreter eines innovativen Unternehmens verstehen.
- **Projektnutzen:** Der Nutzen des Projektes zeigt sich an der Zufriedenheit der Stakeholder mit dem Projekt. Zum Beispiel kann es positiv aufgenommen werden, wenn das Projekt mit einem geringen Einsatz von Ressourcen realisiert wird. Der Nutzen kann aber auch darin bestehen, dass die Projektbeteiligten neue Entwicklungsmöglichkeiten erhalten und damit ihre Karriere vorantreiben.
- **Projektgestaltung:** Der Bekanntheitsgrad eines Projektes lässt sich auch dadurch steigern, dass es attraktiv ist, selbst im Projekt mitzuarbeiten. Das ist zum Beispiel der Fall, wenn die Arbeitsatmosphäre angenehm ist oder innovative Instrumente und Methoden genutzt werden.
- **Kommunikationspolitik:** Die Kommunikationspolitik bestimmt, auf welchem Weg die Informationen über das Projekt in das Projektumfeld transportiert werden. Hier werden die Maßnahmen festgelegt, mit denen das Projekt bei den Stakeholdern bekannt gemacht werden soll, aber auch die Maßnahmen, mit denen die Stakeholder in das Projekt eingebunden werden, damit sie ihre Interessen im Projekt wahrnehmen können.

Achten Sie schon bei der Stakeholderanalyse darauf, was ihr Projekt für die Stakeholder attraktiv machen könnte. Schon durch die Projektgestaltung selbst können Sie zur gelungenen Vermarktung Ihres Projekts beitragen.

Interesse wecken mit dem Elevator Pitch

In der schnelllebigen Arbeitswelt haben Sie es mit Stakeholdern zu tun, deren Terminkalender meist voll sind. Oft erwischen Sie sie nur zwischen Tür und Angel und haben nur wenig Zeit, Ihr Projekt für sie interessant zu machen. Wer in solch knapp bemessenen Zeitfenstern zu langatmigen Erläuterungen ansetzt, wird oft unterbrochen oder schlicht ignoriert. Gute Erfolgschancen in solchen Situationen hat dagegen ein sogenannter Elevator Pitch, mit dem Sie schnell und eindrucksvoll Ihr Projekt präsentieren können. Beim Elevator Pitch handelt es sich um eine Methode, die es Ihnen ermöglicht, jemanden in 30 Sekunden auf Ihr Projekt aufmerksam zu machen. Das heißt nicht, dass Sie versuchen, Ihr Projekt in 30 Sekunden zu erklären, sondern dass Sie in dieser Zeitspanne bei Ihrem Gegenüber Interesse an Ihrem Projekt wecken – und zwar so viel, dass der Stakeholder anschließend zu einem ausführlichen Gespräch bereit ist.

Der Elevator Pitch beruht auf zwei Elementen: Zum einen werden die Vorteile und der Nutzen des Projekts für den anderen klar und unmissverständlich aufgezeigt und zum anderen geschieht dies in einer hochemotionalen und bildhaften Ansprache.

Elevator Pitch heißt übersetzt Aufzugspräsentation und bezeichnet eine kurze, eindrucksvolle und prägnante Präsentation einer Person oder Sache.

Das Prinzip der 30-Sekunden-Präsentation ist in den 1980er-Jahren in den USA entstanden, als Vertriebsleute oft nur dann Gelegenheit hatten, Ihren Chefs Ideen zu präsentieren, wenn Sie diese im Aufzug trafen. Zu diesem Zweck entwickelten Sie den Elevator Pitch. Im Projektmarketing können Sie den Elevator Pitch nutzen, um Stakeholdern, die Ihnen nur wenig Zeit einräumen, das Projekt im Allgemeinen oder eine neue Idee zum Projekt vorzustellen. Er ist zudem ein nützliches Mittel, um Kollegen und potenzielle Kunden etwa auf Veranstaltungen und Kongressen für Ihr Projekt zu gewinnen oder um Experten zur Mitarbeit an Ihrem Projekt zu bewegen.

Ein Elevator Pitch ist auf eine bestimmte Zielgruppe ausgerichtet. Je konkreter Sie diese vor Augen haben, umso besser können Sie deren Interessen und Wünsche nachvollziehen und sich in sie hineinversetzen. So sieht etwa der Elevator Pitch für den Vorstand Ihres Unternehmens anders aus als der für Ihre Projektleiter-Kollegen und der für die Abnehmer Ihres Projektergebnisses. Falls Ihnen die Informationen aus dem Kommunikationsplan nicht ausreichen, versuchen Sie über andere Kanäle noch mehr über die Zielgruppe herauszubekommen.

Bevor Sie den Elevator Pitch umsetzen, sollten Sie die folgenden Fragen für sich beantworten:

- Was genau will ich vermitteln?
- Stimmen meine Einstellungen und Überzeugungen mit dem überein, was ich sagen will?
- Welches Bild habe ich von der Zielperson bzw. Zielgruppe? Wie kann ich sie am besten ansprechen?

AIDA-Formel Die Dramaturgie des Elevator Pitch ist nach der AIDA-Formel aufgebaut:

- **A steht für: Attention – Aufmerksamkeit erzeugen:** Mit dem Elevator Pitch erregen Sie Aufmerksamkeit. Sie sprechen Ihre Zielperson nur kurz an, doch durch die Art und Weise, wie sie dies tun, heben Sie sich von der Masse ab.
- **I steht für: Interest – Interesse wecken:** Im Elevator Pitch konzentrieren Sie sich auf den Nutzen, den Ihr Gesprächspartner hat. Indem Sie den Nutzen Ihres Projektes für den Gesprächspartner darstellen, wird sein Interesse geweckt.
- **D steht für: Desire – Wünsche ansprechen:** Finden Sie heraus, zu welchen Wünschen des Gesprächspartners Ihr Projekt einen Bezug hat. Können Sie zeigen, dass mit dem Projekt ein Wunsch des Gesprächspartners erfüllt wird, haben Sie fast schon gewonnen.
- **A steht für: Action – einen weiteren Termin vereinbaren:** Wenn Sie erfolgreich waren, haben Sie danach einen Gesprächstermin – oder zumindest das Versprechen, dass Ihre weiterführenden Informationen gelesen werden. Lassen Sie jetzt keine

Zeit verstreichen. Machen Sie den Termin fest bzw. senden Sie die Unterlagen sofort, bevor bei Ihrem Gesprächspartner andere Themen wieder in den Vordergrund rücken.

Grundbedürfnisse ansprechen

Nicht Zahlen, Daten und Fakten bewegen Menschen, sondern die Frage: Was bedeutet das für mich? Der Elevator Pitch muss den Gesprächspartner bei seinen Grundbedürfnissen ansprechen, und diese sind:

- **Stolz:** Zeigen Sie, wie das Projekt dazu beiträgt, das eigene Image zu verbessern und Anerkennung zu bekommen.
- **Gewinn:** Erläutern Sie, welchen Gewinn der Gesprächspartner von dem Projekt hat, welche Ressourcen er spart oder welche Prozesse durch das Projekt besser laufen.
- **Spaß:** Es sind nicht immer businessorientierte Informationen, die andere überzeugen. Wenn der Gesprächspartner durch das Projekt Freude und Spaß hat, kann dies ein Motiv sein, sich damit zu beschäftigen.
- **Sicherheit:** Ihr Projekt kann auch Ruhe und Zufriedenheit erzeugen, wenn dadurch ein Problem des Stakeholders gelöst wird.

Bilder nutzen

Im nächsten Schritt überlegen Sie, mit welchen Bildern Sie am besten arbeiten. Außergewöhnliche Bilder bleiben nicht nur besser im Gedächtnis haften, mit Ihnen können auch komplexe Zusammenhänge oft auf eine einfache Art und Weise verdeutlicht werden. Nutzen Sie also Bilder, die Ihre Idee greifbar machen, Ihr Projekt ins rechte Licht rücken und vielleicht sogar das Herz Ihres Gesprächspartners höherschlagen lassen.

Ein wirkungsvoller Elevator Pitch ist wie ein kleiner Auftritt im Theater, der dem Zuschauer in Erinnerung bleibt. Dazu bedarf es auch einer gekonnten Inszenierung. Beim Elevator Pitch überzeugen Sie nicht nur durch Inhalte, sondern ebenso durch Ihre persönliche Ausstrahlung.

Übung und Feedback

Wenn Sie eine vorläufige Version von Ihrem Elevator Pitch entworfen haben, gilt deshalb: Üben Sie vor dem Auftritt! Lassen Sie sich den Elevator Pitch von einem Kollegen vorlesen, um seine Wirkung auf Sie zu testen. Halten Sie ihn dann selbst vor diesem

Kollegen und holen Sie sich kritisches Feedback, um den Elevator Pitch zu optimieren – sowohl inhaltlich als auch bezogen auf Ihr Auftreten.

Achten Sie dabei auf Ihre Stimme, denn nur eine gut modulierte Stimme macht Ihre Aussagen glaubwürdig. Stimmen Sie auch Ihre Körpersprache auf den Elevator Pitch ab. Wenn Sie zum Beispiel sagen, Sie seien von etwas ganz begeistert, dann sollten Sie diese Botschaft durch eine aufrechte Körperhaltung, direkten Blickkontakt mit Ihrem Gegenüber und einen strahlenden Gesichtsausdruck unterstützen.

Begeistern Sie den Gesprächspartner! Ein guter Pitch ist eine Aneinanderreihung von Höhepunkten. Es darf keine Langeweile aufkommen. Sprechen Sie Ihre Zielperson oder Zielgruppe direkt an und halten Sie im persönlichen Gespräch den Blickkontakt. Drücken Sie durch das, was Sie sagen und wie Sie es sagen, Ihre eigene Begeisterung aus. Im Idealfall hat am Ende auch Ihr Gesprächspartner leuchtende Augen.

Ein Projektleiter hat am Ende des Führungskräftemeetings seines Unternehmens Gelegenheit, kurz über das Zeiterfassungssystem zu informieren. Da die Zeit nicht ausreicht, das System ausführlich vorzustellen, möchte er die Führungskräfte dazu bewegen, die Informationsveranstaltung zum Zeiterfassungssystem zu besuchen. Der Elevator Pitch für diese Situation könnte so aussehen:

„Was ist das neue Zeiterfassungssystem für Sie? Ein fast gläserner Mitarbeiter: Sie wissen, wann die Mitarbeiter im Urlaub sind, Gleittage haben oder aus anderen Gründen nicht im Unternehmen sind. Minutengenau wissen sie jederzeit, wie das Zeitkonto des Mitarbeiters aussieht. Und wenn einmal ein Zeitkonto kritisch wird, erhalten Sie eine E-Mail. All dies bekommen Sie geliefert, ohne dass Sie den Mitarbeiter überzeugen müssen, dass er seine Daten in das System eingibt. Denn das übernehmen wir vom Projekt. Wir laden Sie nächste Woche zu einer Informationsveranstaltung ein, auf der wir vorstellen, was das System kann und wie wir es einführen."

So wird Ihr Elevator Pitch wirkungsvoll:

- Gehen Sie auf Ihre Zuhörer ein.
- Wecken Sie mit einer Frage, einem Bild, einer Geschichte oder einer überraschenden Information Interesse.
- Unterscheiden Sie sich von anderen.
- Beschreiben Sie Ihre Vision oder den Nutzen des Projektes.
- Zeigen Sie, welches Problem durch das Projekt gelöst wird.
- Fordern Sie den Gesprächspartner zum Handeln auf.
- Zeigen Sie, dass Sie selbst vom Projekt begeistert sind.

Maßnahmen und Methoden des Projektmarketings

Mit dem Projektmarketing begleiten Sie das Projekt von der ersten bis zur letzten Minute und oft auch noch über die Lebenszeit des Projektes hinaus. Bevor Sie die ersten Erfolge vorzeigen können, legen Sie mit den folgenden Maßnahmen den Grundstein für ein gutes Projektmarketing.

Abbildung 15 auf Seite 90 stellt die Maßnahmen anhand von zwei Dimensionen dar:

- **Reichweite:** Wie viele Personen der gesamten Zielgruppe können mit der Maßnahme erreicht werden?
- **Wirkung:** Wie hoch ist der Einfluss der Maßnahme auf die Einstellung und Haltung der Mitglieder der Zielgruppe?

Geben Sie dem Projekt einen Namen

Ein Projekt ist wie eine kleine Firma und der Projektleiter ist ihr Geschäftsführer. Was machen Geschäftsführer als Erstes? Sie geben Ihrem Unternehmen einen Namen. Dies sollten Sie auch für Ihr Projekt tun. Projekte werden oft nach dem fachlichen Inhalt benannt – „Einführung Zeiterfassung", „Umorganisation Abteilung X" oder „Hochhaus Waldstraße" sind typische Beispiele. Solche Namen sind weder attraktiv noch einprägsam. Viel werbewirksamer

Projektname

Logo   Intranet   Projekt-
                            intranetseite

Plakat   Mitarbeiter-   Blog
            zeitschrift

Fotos/Videos   Foren

                            Podcast/   Event-Telefon-   Marktplätze
                            Videopodcast   konferenz

Give-aways   Projektzeitung   World-Café
                                             Informations-
                            Etablierte   veranstaltungen
                            Medien   Newsletter   RTSC-Konferenz

                            Presse-   Workshops
                            konferenz

                            Kundenzeit-
            Aushänge   schrift

Broschüren/Flyer   CD-ROM

Wirkung

Abb. 15: Die Kommunikationsmaßnahmen können nach Reichweite und Wirkung ausgewählt werden.

sind dagegen Namen, die neugierig machen. So könnte man die Einführung eines automatischen Postzustelldienstes etwa „Projekt Hermes" nennen. Namen wie dieser geben einem Projekt Identität und wecken den Stolz der Projektmitglieder. Dieser Name begleitet dann das Projekt und erscheint auf allen Unterlagen wie dem Projekthandbuch, den Protokollen und Präsentationen.

Hat das Projekt einen gemeinsamen Teamraum, dann hängen Sie ein großes Schild mit dem Projektnamen an die Tür. Dies fällt nicht nur denjenigen auf, die mit dem Projekt zu tun haben, sondern auch allen anderen, die an dem Büro vorbeikommen.

Entwickeln Sie ein Logo

Das Logo ist das Gegenstück des Namens. Es gibt dem Projekt ein Bild und erhöht so den Wiedererkennungswert. Für die Entwicklung eines guten Logos sollten Sie eine Agentur beauftragen. Wenn das Projektbudget dies jedoch nicht hergibt oder das Unternehmen Restriktionen für Logos hat, können Sie sich auch mit einer Schriftmarke behelfen. Das bedeutet: Sie schreiben den Projektnamen in einer besonderen Art und Weise. Ein Beispiel für eine solche Schriftmarke bietet das Beratungsunternehmen Conecta, das seinen Namen immer in folgender Form schreibt: C/O/N/E/C/T/A.

Drucken Sie ein Plakat

Plakate stechen sofort ins Auge, wenn sie an einer zentralen Stelle aufgehängt werden. Sie wirken aber nur, wenn sie ansprechend gestaltet sind. Im Idealfall bedeutet das, dass das Plakat nicht nur aufhängt wird, um damit für das Projekt zu werben, sondern auch weil Stil und Aufmachung gefallen. Plakate dürfen deshalb nicht mit Informationen überfrachtet werden, aber andererseits sollten sie auch nicht bloß nichtssagende Schlagwörter präsentieren. Die Kunst besteht darin, die wichtigsten Informationen in einem pfiffigen Text und einer attraktiven Grafik zu vermitteln.

Nutzen Sie Fotos und Videos

Unsere Kommunikation wird immer bildorientierter. Das können Sie an Medien wie Facebook beobachten: Die Mitglieder stellen eher ein Foto ein, als einen Text zu schreiben, was daran liegt, dass Fotos heute quasi im Vorbeigehen aufgenommen werden können. Jedes Handy ist auch ein Fotoapparat, der immer zur Hand ist. Ein Bild vom Team ist schnell gemacht, aber auch ein Bild von einem Produkt oder Teilergebnis. Ebenso einfach ist es, Videos aufzunehmen. Bilder und Videos von Teammitgliedern und Projektsituationen können schnell im Internet veröffentlicht werden und lockern Texte auf. Sie schaffen einen emotionalen Bezug und verhelfen dem Projekt so unterschwellig zu einem guten Image. Aber Vorsicht: Unprofessionelle Fotos und Videos können dem Image des Projekts auch schaden.

Verteilen Sie Give-aways

Die Wirkung der über verschiedene Medien transportierten Informationen wird verstärkt, wenn durch kleine Werbegeschenke, sogenannte Give-aways, eine emotionale Bindung zum Projekt erzeugt wird. Give-aways sind Image fördernde Mittel, die auf Veranstaltungen verteilt, als Dankeschön für die Mitarbeit überreicht oder als Türöffner an wichtige Stakeholder verschickt werden können. Hier ein paar Beispiele:

- **Schreibblöcke mit dem Projektnamen und Logo:** Sie sind kostengünstig und werden auf Veranstaltungen gerne genutzt.
- **Stifte:** Wenn sie gut schreiben, werden sie auch genutzt und erinnern bei jedem Einsatz an das Projekt.
- **Tassen oder Becher:** Sie sind ein praktisches Geschenk, da in vielen Teeküchen Tassen und Becher Mangelware sind.
- **T-Shirts, Poloshirts und Schildmützen:** Sie werden gerne angenommen und in der Freizeit, etwa beim Sport, getragen. Drucken Sie darauf den Projektnamen oder das Logo, um die Erinnerung an das Projekt auch in den Freizeitbereich der Stakeholder zu transportieren.
- **Schirme:** Sie sind großflächige Werbeträger, die allerdings nur in regenreichen Ländern verteilt werden sollten. Auch sie tragen die Erinnerung an das Projekt in den Freizeitbereich hinein.
- **Datenträger:** CDs, DVDs oder USB-Sticks sind einerseits Datenträger, auf denen umfangreiche Daten wie Filme oder Bilder über das Projekt gespeichert werden können, und andererseits Artikel zum Anfassen, auf die der Name und das Logo des Projekts aufgedruckt werden können.
- **Hochwertige Artikel:** Je wichtiger der Empfänger des Werbegeschenks ist, umso hochwertiger muss der Artikel sein. Hier gibt es fast keine Grenzen: Uhren, Schweizer Messer oder ein Kompass sind Beispiele.

Geschenke müssen immer im Verhältnis zum Projekt und Projektbudget stehen. Bevor Sie diese Mittel einsetzen, sollten Sie genau überlegen, ob der erwartete Effekt die eingesetzten Mittel rechtfertigt.

Verteilen Sie die Give-aways nicht willkürlich. Wählen Sie einen geeigneten Zeitpunkt, zu dem Sie den Artikel wirkungsvoll verschenken können. Damit erzielen Sie eine zusätzliche Wirkung.

Seien Sie aktiv im Web und Web 2.0

Das Internet und firmeninterne Netzwerke, sogenannte Intranets, haben die Welt der Kommunikation verändert. Viele Mitarbeiter in Unternehmen nutzen inzwischen vorrangig diese Medien als Informationsquelle. Ihr Vorteil: Sie sind schnell, interaktiv und immer präsent. Für das Projektmarketing bieten sie eine optimale Plattform. Folgende Möglichkeiten stehen Ihnen zur Verfügung:

- **Projektintranetseite:** Sie stellen das Projekt auf einer Seite im Intranet vor und geben Antworten auf folgende Fragen: Warum wird das Projekt durchgeführt? Was ist sein Beitrag zur Unternehmensstrategie? Wer verantwortet das Projekt? Wer ist beteiligt? Was sind die Meilensteine?
- **Projektblog:** Blogs eignen sich gut für eine projektbegleitende Kommunikation. Hier können Sie selbst oder Experten aus dem Projekt über wichtige Ereignisse oder Themen informieren. Durch die Kommentare der Leser erhalten Sie auch ein Feedback.
- **Projektforum:** Foren sind Diskussionsplattformen im Internet bzw. Intranet und in der Regel thematisch ausgerichtet. Forenmitglieder können Diskussionen eröffnen, die dann von anderen Mitgliedern weitergeführt werden. Dadurch ergibt sich der Thread, der Diskussionsfaden, der den Verlauf der Diskussion wiedergibt. Foren können genutzt werden, um Erfahrungen auszutauschen, aber auch, um eine Meinungsbildung zu bestimmten Themen vorzubereiten.

Produzieren Sie Podcasts und Vodcasts für das Intranet

Podcasts oder Vodcasts (Videopodcast) sind wie kleine Radio- oder Fernsehbeiträge, die im Intranet zum Herunterladen bereitgestellt werden. Sie können Aspekte des Projektes erläutern, aber auch für das Projekt werben. Insbesondere bei der Einführung neuer Techniken, Produkte und Prozesse können mit ihnen die Leistungsmerkmale kurz und anschaulich dargestellt werden.

Veröffentlichen Sie einen Newsletter

Newsletter werden im Deutschen auch als Mitteilungsblatt, Verteilnachricht oder Infobrief bezeichnet. Ursprünglich war ein Newsletter ein peridodisch erscheinendes Printmedium, das auf wenigen Seiten Informationen zu meist wirtschaftlichen Themen zusammenfasste. Heute gibt es Newsletter in elektronischer Form; sie werden über ein Mailsystem oder per SMS an die Empfänger verschickt. Newsletter sind eine gute Möglichkeit, die Stakeholder über das Projekt und dessen Hintergründe zu informieren. Sie haben zudem den Vorteil, dass sie von den Empfängern leicht an weitere Interessierte weitergeleitet werden können und so zu einer größeren Bekanntheit des Projektes beitragen. In einem Newsletter können folgende Themen behandelt werden:

- Status des Projektes
- Darstellung von erreichten Meilensteinen
- Hintergrundinformationen zum Projekt
- Ansprechpartner
- Informationen über die Projektmitarbeiter
- Nutzen des Projektes für das Unternehmen

Geben Sie eine Projektzeitung heraus

Die Projektzeitung ist der Porsche unter den Newsletter-Varianten und nur bei sehr großen Projekten sinnvoll. Sie ist dann ein wirksames Mittel, wenn vom Projekt viele Menschen betroffen sind. Sie sollte redaktionell gestaltet sein und vor allem den Nutzen des Projektes darstellen.

Bringen Sie Aushänge am Schwarzen Brett an

Schwarze Bretter waren früher das Medium schlechthin, wenn es darum ging, viele Menschen in einem Unternehmen zu erreichen. Heute hat diese Funktion das Intranet übernommen. Doch zumindest in Unternehmen, die kein Intranet haben, sind Schwarze Bretter immer noch ein wichtiges Medium. Wenn Sie noch die Möglichkeit haben, dann nutzen Sie Aushänge am Schwarzen Brett, um über das Projekt zu informieren, die Kontaktdaten der Ansprechpartner zu verbreiten und um Termine bekannt zu machen.

Verteilen Sie Flyer und Broschüren

In Flyern und Broschüren informieren Sie über das Projekt. In ihnen können Sie alle wichtigen Informationen zum Projekt zusammenstellen, insbesondere solche, die die Stakeholder immer wieder brauchen, wie Namen und Kontaktdaten der Ansprechpartner oder Termine. Anspruchsvoll gestaltete Flyer wirken durch ihre Optik auch indirekt, wenn sie auf dem Schreibtisch eines Stakeholders liegen.

Produzieren Sie eine CD oder DVD

CDs und DVDs sind die großen Brüder der Flyer und Broschüren. Während in einem Flyer oder in einer Broschüre nur wenige Informationen unterzubringen sind, können auf einer CD oder DVD viele Daten gespeichert werden. Diese Datenträger sind ideal, um den Stakeholdern viele Informationen zu übermitteln, auf die sie immer wieder zugreifen sollen, wie zum Beispiel Produktbeschreibungen.

Nutzen Sie bereits etablierte Medien Ihres Unternehmens

Projektzeitung und Newsletter haben einen Nachteil: Die Leser müssen erst auf dieses Medium aufmerksam werden. Platzieren Sie dagegen einen Artikel in einem etablierten Medium, ist es einfacher, die Leser zu erreichen. Ein solcher Artikel wirkt jedoch nur dann, wenn er einen Anlass hat. So könnten Sie beispielsweise einen erreichten Meilenstein zum Anlass nehmen, um darüber zu berichten und dabei den Inhalt des Projektes zu transportieren. Auch eine Äußerung eines Mitglieds der Geschäftsführung zum Projekt oder ein Interview eignen sich gut für einen solchen Artikel. Die wichtigsten Medien, die hier infrage kommen, sind Mitarbeiterzeitschriften und Kundenzeitschriften:

- **Mitarbeiterzeitschrift:** Sie richtet sich nach innen und vermittelt den Mitarbeitern, was im Unternehmen vorgeht. Sind Sie mit dem Projekt in der Mitarbeiterzeitschrift vertreten, dann ist das allein schon eine Botschaft: Ihr Projekt ist ein wichtiger Bestandteil des Unternehmens. In Ihrem Artikel geht es nicht um die Zahlen, Daten und Fakten, es geht darum, das Team und seine Leistung im Unternehmen darzustellen.

- **Kundenzeitschrift:** Hier wird dargestellt, was Ihr Unternehmen für den Kunden leisten kann. Wenn Sie in diesem Medium einen Artikel über Ihr Projekt veröffentlichen, dann sollten Sie beschreiben, welchen Nutzen Kunden von dem Projekt haben werden oder haben könnten. Bei Kundenprojekten sollten Sie zudem daran denken, dass ein Artikel auch ein Verkaufsargument für ein Folgeprojekt sein sollte.

Nutzen Sie die Presse

Die Erweiterung eines Flughafens oder die Einführung eines Mautsystems sind Projekte, die nicht nur das verantwortliche Unternehmen betreffen, sondern viele Menschen in der Gesellschaft. Bei diesen Projekten reicht die Projektkommunikation über die Unternehmensgrenzen hinaus. In diesem Fall müssen Sie auch die Presse und Nachrichtenagenturen mit Informationen versorgen. Die Mittel dazu sind Pressemitteilungen und Pressekonferenzen:

- **Pressemitteilungen:** Pressemitteilungen informieren die Presse über Ziele und wichtige Ereignisse im Projekt. Sie sind so zu verfassen, dass Journalisten auf Basis der Pressemitteilung schnell einen Artikel schreiben können.
- **Pressekonferenzen:** Pressekonferenzen sind das Forum, auf dem aktuelle Fragen und Informationen zum Projekt der Öffentlichkeit beantwortet bzw. vermittelt werden. Im ersten Teil der Pressekonferenz geben die Veranstalter eine meist vorbereitete Erklärung ab und im zweiten Teil haben die Vertreter der Presse die Möglichkeit, Fragen zu stellen.

In der Regel ist die Unternehmenskommunikation für Pressemitteilungen und Pressekonferenzen zuständig. Ihre Aufgabe ist es hier, die Unternehmenskommunikation so gut wie möglich zu unterstützen.

Stakeholder durch Projektevents aktivieren und emotionalisieren

Mit den im vorhergehenden Kapitel beschriebenen Mitteln erreichen Sie viele Menschen. Aber das heißt nicht unbedingt, dass es Ihnen auch gelingt, sie zu emotionalisieren. Diese Wirkung können Sie dagegen besonders gut erzielen, wenn Sie die Stakeholder zu einer Veranstaltung einladen, auf der Sie das Projekt vorstellen und mit den Stakeholdern diskutieren. Projektevents stellen einen persönlichen Kontakt unter den Stakeholdern her und machen das Projekt für sie erlebbar.

Ein Projektevent ist eine Veranstaltung, auf der möglichst ereignisreich und erlebnisorientiert über das Projekt informiert wird.

Der Projektevent hebt die Informationen rund um Ihr Projekt aus der Masse der Informationen heraus, die Tag für Tag auf die Stakeholder einstürmen. Für die Stakeholder haben Events meist noch einen Nebeneffekt: Sie können sie für Ihr eigenes Networking nutzen. Das Ziel des Events bestimmt, an welche Zielgruppe es sich richtet und welches Thema behandelt wird.

Nutzen von Projektevents

Informationsveranstaltung

Es gibt verschiedene Arten von Projektevents. Informationsveranstaltungen werden meist bei der Einführung eines neuen Systems oder einer neuen Organisation genutzt, um die Zielgruppe mit den Veränderungen bekannt zu machen. In der Regel sind es zwei- bis dreistündige Veranstaltungen, auf denen über das Projekt informiert wird. Die Teilnehmer sollten dabei auch die Gelegenheit haben, Fragen zu stellen.

Event-Telefonkonferenz

Event-Telefonkonferenzen sind das elektronische Pendant zur Informationsveranstaltung. Die Teilnehmer wählen sich über ein besonderes Telefonkonferenzsystem ein und können ihre Redebeiträge über die Telefontastatur anmelden. Neben der klassischen Telefonkonferenz gibt es auch die Möglichkeit, diese Konferenzen als Webkonferenz durchzuführen. Auf diese Weise können auch Folien präsentiert werden. Konferenzen über elektronische Medien sind dann sinnvoll, wenn Teilnehmer an verschiedenen Standorten erreicht werden sollen.

Die Konferenz selbst ist eine Abfolge von Vortrags- und Fragesequenzen. Die Vortragssequenzen müssen in sich schlüssig und verständlich sein, da die Teilnehmer keine Verständnisfragen stellen können. Zur Unterstützung können Sie an die Teilnehmer vor der Konferenz Unterlagen versenden, auf die sie während der Konferenz Bezug nehmen können.

Erstellen Sie für sich ein ausformuliertes Manuskript. Die Teilnehmer sehen in einer Telefonkonferenz nicht, dass Sie ablesen. Achten Sie beim Verfassen darauf, dass Sie so schreiben, wie Sie reden würden.

Marktplatz

Marktplätze sind oft Teil einer Informationsveranstaltung, wenn die Teilnehmer die Informationen nicht nur passiv aufnehmen, sondern auch die Möglichkeit haben sollen, mit den Themenverantwortlichen zu diskutieren. Der Marktplatz besteht aus Marktständen, an denen jeweils ein spezielles Thema vorgestellt wird. Die Teilnehmer gehen dann wie auf einem Markt von Stand zu Stand und diskutieren dort mit den Themenverantwortlichen.

World-Café

Die Methode des World-Cafés eignet sich gut, wenn die Einführung eines Systems oder einer neuen Organisation auf Widerstände stoßen könnte. Die Teilnehmer diskutieren in Vierer- oder Fünfergruppen über für sie besonders wichtige Fragen. Die Diskussion findet in mehreren Runden statt. Dabei wechseln die Teilnehmer immer wieder die Gruppe. Auf diese Weise lernen sie viele unterschiedliche Aspekte des Themas kennen und können ihre persönliche Sichtweise verändern.

RTSC-Konferenz

Eine andere Variante ist die RTSC-Konferenz: RTSC steht für Real Time Strategy Change und bezeichnet eine Konferenzform, die vor allem bei Veränderungs- und Organisationsprojekten eingesetzt wird. Sie vermittelt den Teilnehmern in konzentrierter Form die Gedanken und Überlegungen, die zum Veränderungsprojekt geführt haben. Die Teilnehmer entwickeln gemeinsam mit dem Management eine Vorstellung von der künftigen Organisation und legen Maßnahmen fest, wie jeder Einzelne die Umsetzung unterstützen kann.

Workshop

Ziel von Workshops ist es, mit den Teilnehmern Probleme zu erörtern, ein gemeinsames Verständnis zu einem Thema herzustellen und Ergebnisse zu erarbeiten. Im Projektmarketing sind Workshops ein Mittel, um die Stakeholder in das Projekt einzubeziehen. Hier werden Ergebnisse vorgestellt und sie werden mit den Stakeholdern diskutiert und besprochen. Workshops sind ein gutes Mittel, um Stakeholder als Multiplikatoren für das Projekt zu gewinnen.

So organisieren Sie einen Projektevent:

Planung:
- An welchem Termin soll die Veranstaltung durchgeführt werden?
- Welche Form (Informationsveranstaltung, Marktplatz, World-Café, RTSC-Konferenz, Event-Telefonkonferenz, Workshop) soll sie haben?
- Wo findet die Veranstaltung statt?
- Welche Ausstattung muss der Raum haben?
- Wer übernimmt die Organisation?

Einladung:
- Wer schreibt die Einladung?
- Wer versendet die Einladung?
- Wer übernimmt das Teilnehmermanagement?

Vorbereitung:

- Wer übernimmt welchen Teil der Veranstaltung?
- Wer moderiert die Veranstaltung?
- Wie werden die Teilnehmer empfangen?
- Welche Unterlagen sollen ausgelegt werden?
- Wer ist die Kontaktperson zum Konferenzmanagement?
- Wer übernimmt die Organisation während der Veranstaltung?

Durch Networking das Projekt sichtbar machen

Soziale Netzwerke

Mit Projektmarketing wollen Sie erreichen, dass Ihr Projekt, Ihr Projektteam und natürlich auch Sie im Unternehmen wahrgenommen werden, und wenn es sich um ein Kundenprojekt handelt, soll dies auch über die Unternehmensgrenzen hinweg geschehen. In den letzten Jahren sind es zunehmend soziale Netzwerke, die entscheiden, ob ein Thema präsent ist oder nicht. Viele Menschen informieren sich vorrangig in den sogenannten Social Media, also bei Facebook, Twitter, XING und Co, und darüber hinaus sind auch andere soziale Netzwerke wichtig, die nicht auf digitaler Technologie basieren. Im Unternehmen selbst sind beispielsweise das Netzwerk der Projektleiter, Communities of Practice und viele andere kleine Netzwerke von Bedeutung. Gerade beim Projektmanagement zählen außerdem die Berufsverbände wie das PMI-Institut und seine Ortsverbände (Chapter) oder die Deutsche Gesellschaft für Projektmanagement zu den wichtigen Netzwerkplattformen.

Soziale Netzwerke sind Beziehungsgeflechte unter Menschen. In ihnen knüpfen sie Kontakte, gehen Beziehungen ein, tauschen Informationen aus und helfen sich gegenseitig. Als Networking bezeichnet man die systematische Beziehungspflege zwischen Freunden, Kollegen, Geschäftspartnern und Förderern. Die Netzwerkpartner haben dabei die offene Absicht, sich gegenseitig zu fördern, um daraus einen Vorteil zu ziehen.

Als guter Networker sollten Sie folgende Eigenschaften und Fähigkeiten mitbringen:

- **Kontaktfreudigkeit:** Networking bedeutet, aktiv Kontakte zu suchen und herzustellen. Vor allem bei der Kontaktaufnahme müssen Networker einen siebten Sinn haben, um intuitiv zu erfassen, was andere Menschen denken, fühlen und wollen.
- **Small Talk:** Besonders wichtig für den Aufbau und den Erhalt von persönlichen Netzwerken ist die Fähigkeit, Small Talk zu führen. Small Talk ist eine Gesprächsform, in der zwei oder mehrere Personen miteinander reden, um einander kennenzulernen und Gemeinsamkeiten zu finden. Beim Small Talk wird niemand informiert, überzeugt oder widerlegt. Es geht nicht um die Übermittlung von Sachinhalten, Ziel ist vielmehr der Beziehungsaufbau.
- **Beziehungsintelligenz:** Das ist die Fähigkeit, den Umgang mit anderen Personen zu gestalten. Sie zeigt sich an einem großen Interesse an der Persönlichkeit anderer, einem guten Einfühlungsvermögen und einer hohen Kontaktfreudigkeit.
- **Interesse an anderen Menschen:** Wer Interesse an anderen Menschen hat, verhält sich ihnen gegenüber umsichtig. Beziehungen werden langfristig gestaltet in dem Wissen, dass das Gelingen einer Beziehung von beiden Partnern abhängt. Networking bedeutet, konsequent das Leben der anderen Networker zu verfolgen und sich mit ihnen auszutauschen.

Projektmarketing in sozialen Netzwerken hat das Ziel, Ihr Projekt ins Gespräch zu bringen. Dies gelingt, wenn Sie regelmäßig über das Projekt berichten und eine Diskussion anregen. Soziale Netzwerke bieten dafür folgende Plattformen:

Vorträge
Stellen Sie Ihr Projekt auf Veranstaltungen von Communitys und Verbänden vor. Ihre Projektleiterkollegen interessiert hier vor allem, wie Sie die Schwierigkeiten im Projekt gemeistert haben und welche Best Practices Sie ihnen mitgeben können.

Beiträge in Fachzeitschriften

Beiträge in Fachzeitschriften oder in Zeitschriften der Berufsverbände tragen zur Bekanntheit Ihres Projekts und seiner Leistungen bei. Die Veröffentlichung eines Fachbeitrags in einem an-
gesehenen Medium macht Sie und Ihr Projekt auch im eigenen
Unternehmen bekannter, denn wenn etwas außerhalb des Unternehmens anerkannt wird, wirkt das auch nach innen.

Internetforen

In Internetforen diskutieren Fachleute zu bestimmten Themen. Sie
können sich hier an Diskussionen beteiligen und die Erfahrungen
aus Ihrem Projekt einfließen lassen oder aber selbst eine Diskussion
eröffnen. Wichtig ist, dass Sie nicht einseitig informieren, sondern
den Austausch suchen. Stellen Sie deshalb Fragen an die Netzwerk-
gemeinde und beantworten Sie im Gegenzug die Fragen anderer.

Datenbanken

Einige Netzwerke bieten auf virtuellen Plattformen nicht nur die
Möglichkeit, mit kurzen Postings über ein Projekt zu berichten,
sondern auch, Dokumente wie Templates oder Musterprojektpläne
zu hinterlegen. So können Sie der Community Projektergebnisse
zur Verfügung stellen, die diese auf Ihre eigenen Projekte übertragen kann. Sie selbst profitieren wiederum vom Feedback anderer
Nutzer, mit dem Sie Ihre Dokumente verbessern können.

Twitter

Twitter erfand die Kurznachricht im Internet. Die sogenannten
„Tweets" werden genutzt, um andere auf dem Laufenden zu halten.
Die Nachrichtenbörse bietet Ihnen so die Möglichkeit, eine konti-
nuierliche Berichterstattung über das Projekt aufzubauen. Richten
Sie dazu ein Benutzerkonto ein, über das andere die Neuigkeiten im
Projekt verfolgen können. Das geschieht jedoch nur, wenn Sie im-
mer wieder Interessantes zu berichten haben. Generell ist Twitter
vor allem für Projekte sinnvoll, die auch außerhalb des eigenen
Unternehmens auf ein breites Interesse stoßen.

So nutzen Sie Ihr Netzwerk für das Projektmarketing

- Pflegen Sie die wichtigen Kontakte. Es ist besser, wenige Kontakte gut zu pflegen, als viele Kontakte zu haben, die aber kaum gepflegt werden.
- Erzählen oder schreiben Sie von Ihrem Projekt und bieten Sie an, Ihre Erfahrungen zu teilen.
- Fragen Sie nach Rat. Damit involvieren Sie Ihre Netzwerkpartner in die Projektarbeit.
- Nutzen Sie die Netzwerkkontakte als Türöffner für wichtige Stakeholder.
- Erstellen Sie Referenzen für Projektmitarbeiter. Dies hilft nicht nur den Mitarbeitern, sondern macht Sie auch selbst bekannt.
- Nutzen Sie Foren bei spannenden Projektthemen. Damit bekommt Ihr Projekt nicht nur Aufmerksamkeit, sie erhalten vielleicht auch hilfreiche Tipps für das Tagesgeschäft.
- Posten Sie wichtige Ereignisse im Projekt. Damit machen Sie immer wieder auf das Projekt aufmerksam.

Beim **Projektmarketing** geht es darum, ein Projekt im Unternehmen bekannt zu machen und eine positive Stimmung dafür zu schaffen. Die Stellschrauben des Projektmarketings sind Projektpolitik, Projektgestaltung, Projektnutzen und Kommunikationspolitik.

Mit einem **Elevator Pitch** werden Stakeholder auf Ihr Projekt oder spezielle Aspekte des Projekts aufmerksam gemacht. Es handelt sich um einen Kurzvortrag, der darauf ausgerichtet ist, das Interesse des Zuhörers zu wecken.

Das Projektmarketing bedient sich der im Unternehmen vorhandenen **Medienvielfalt,** um die Stakeholder über möglichst viele Informationskanäle zu erreichen.

Mit **Give-aways** wird eine emotionale Bindung zum Projekt geschaffen und eine größere Präsenz des Projekts im Unternehmen und bei den Stakeholdern aufgebaut.

Mit den verschiedenen Formen von **Projektevents** wie Informationsveranstaltungen oder Marktplätzen werden die Stakeholder gezielt informiert und angeregt, sich auszutauschen. Darüber hinaus werden sie auch auf emotionaler Ebene erreicht und so für das Projekt gewonnen.

Networking ist ein wichtiger Bestandteil des Projektmarketings und soziale Netzwerke unterschiedlichster Art bieten eine gute Plattform, um ein Projekt insbesondere auch außerhalb des eigenen Unternehmens bekannt zu machen.

6. Kommunikation von Veränderungen: die Betroffenen gewinnen

Veränderung ist das, was die Leute am meisten fürchten.
FJODOR MICHAILOWITSCH DOSTOJEWSKIJ

Alle Projektleiter wünschen sich, dass ihre Projekte ein Erfolg werden, dass die Anwender gerne mit dem neuen Softwareprogramm arbeiten, ein großartiges Bauwerk entstanden oder eine Neuorganisation gelungen ist, und nicht zuletzt auch, dass man ihre Leistung anerkennt und bewundert. Wenn diejenigen, die das Projektergebnis betrifft, zufrieden sind, ist das die beste Werbung für Sie als Projektleiter und, sollte es sich um ein Kundenprojekt handeln, auch für Ihr Unternehmen. Schon bei der Projektdurchführung können Sie viel dazu beitragen, damit sich dieser Erfolg einstellt, und zwar dadurch, dass Sie die Betroffenen und Beteiligten schon vor der Fertigstellung einbeziehen und für Ihr Projekt gewinnen.

In diesem Kapitel erhalten Sie Antworten auf die folgenden Fragen:

- Wie überzeuge ich die vom Projekt Betroffenen?
- Welche Medien sollte ich verwenden?
- Welche Prinzipien muss ich beachten?

Die Betroffenen informieren und überzeugen

Veränderungs-
management Eine neue Technik kann noch so modern sein, ein neues Produkt noch so perfekt, eine neue Organisation noch so ausgeklügelt – all das nützt nichts, wenn die Betroffenen das Projektergebnis ablehnen und Widerstand aufbauen. Durch Projekte müssen sich Menschen verändern, das heißt neue Kompetenzen erwerben und sich in neue Rollen und Aufgaben einfinden. Natürlich hängt der Grad der Veränderung vom Typ des Projekts ab: Wird etwa die Kanalisation erneuert, mag sich für die meisten wenig ändern, doch bei Großprojekten oder einer Umorganisation im Unternehmen stehen den Betroffenen mitunter große Veränderungen bevor. Dann gilt es, den Veränderungsprozess so zu gestalten, dass die Betroffenen das Projektergebnis annehmen und nutzen können. In Unternehmen nennt man dieses Vorgehen Veränderungsmanagement.

Unter dem Begriff Veränderungsmanagement werden alle Aufgaben, Maßnahmen und Tätigkeiten zusammengefasst, die eine umfassende, bereichsübergreifende und inhaltlich weitreichende Veränderung in einer Organisation begleiten und bewirken.

Projekttypen Grundsätzlich lassen sich in Bezug auf die Veränderung drei unterschiedliche Typen von Projekten unterscheiden:

- **Einführung einer neuen Technik:** Mit der Einführung wird ein technisches System durch ein neueres abgelöst. Die Mitarbeiter müssen sich vom alten System verabschieden, sich in das neue System einfinden und lernen, damit zu arbeiten. Ein Beispiel dafür ist die Einführung eines neuen Customer-Relationship-Management-Systems.
- **Einführung neuer Prozesse und Verfahren:** Diese Projekte berühren direkt die Arbeitsweise der Mitarbeiter. Gewohnte Arbeitsprozesse werden durch neue abgelöst. Dies ist zum Beispiel der Fall, wenn ein Unternehmen beschließt, alle Projekte nach dem PMI-Standard abzuwickeln.

- **Reorganisation von Arbeitsstrukturen:** Ziel einer solchen Reorganisation ist es, die Arbeitsstrukturen zu vereinfachen und die Zusammenarbeit zwischen den Organisationseinheiten effizienter zu gestalten. Infolge der Reorganisation wechseln Mitarbeiter die Abteilungen, nehmen neue Rollen wahr und arbeiten nach neuen Prozessen. Oft ist damit ein Abbau von Arbeitsplätzen verbunden oder die Arbeitsleistung wird bei gleicher Mitarbeiterzahl gesteigert. Dies ist zum Beispiel der Fall, wenn Abteilungen zusammengelegt werden.

Um Betroffene zu überzeugen, reicht es nicht aus, die Ergebnisse des Projektes vorzustellen. Vielmehr muss das Projekt einen für die Betroffenen nachvollziehbaren Sinn haben und sie müssen auch einen persönlichen Vorteil darin erkennen. Bemühen Sie sich darum, vertrauenerweckende Personen als Multiplikatoren zu gewinnen, und treten Sie selbst vertrauenswürdig und sympathisch auf.

Als Erstes sollten Sie Ihre Argumentation mit Zahlen, Daten und Fakten untermauern. Stellen Sie sicher, dass alle Sachinformationen zum Projekt korrekt sind. Dazu müssen Sie Antworten auf die folgenden Fragen haben:

Korrekte Sachinformationen

- Welche Argumente sprechen für das Projektergebnis?
- Welche Zahlen belegen, dass die Veränderung eine Verbesserung bewirkt?
- Gibt es Beispiele, Beweise oder Referenzen?

Wenn Ihre sachlichen Argumente in sich schlüssig und nicht zu widerlegen sind, haben Sie eine starke Ausgangsposition. Denn die Fakten sprechen für das Projektergebnis.

Menschen lassen sich leicht überzeugen, wenn sie einen Vorteil für sich erkennen. Helfen Sie ihnen dabei! Zeigen Sie ihnen auf, wie sie als Einzelpersonen von der Veränderung profitieren. Stellen Sie aber auch die Vorteile für die Abteilung oder das Unternehmen als Ganzes dar. Wenn das Projektergebnis den direkt Betroffenen eher einen Nachteil bringt, beispielsweise wenn sie sich auf höheren Arbeitsaufwand einstellen müssen, dann ist eine solche Gesamtschau besonders wichtig. Die Betroffenen sind dann eher bereit, ihre

Vorteile benennen

eigenen Interessen zugunsten der Interessen ihrer Abteilung oder des Unternehmens unterzuordnen, und können die Veränderung so zumindest leichter akzeptieren.

Betroffene zu Beteiligten machen

Ein Kernelement der Organisationstheorie besagt, dass man Betroffene zu Beteiligten machen muss. Für Ihr Projekt bedeutet das, dass Sie die Betroffenen miteinbeziehen sollten. Je besser Ihnen das gelingt, umso mehr werden die Betroffenen sich mit dem Projekt identifizieren und das Ergebnis nach außen vertreten und verteidigen. Damit sind folgende Vorteile verbunden:

- Sie erzielen ein besseres Ergebnis, weil auch Gesichtspunkte berücksichtigt werden, an die Sie vielleicht nicht gedacht haben.
- Die Betroffenen können die Veränderung besser verstehen. Sie erkennen unter anderem, welche Spielräume es bei der Gestaltung gibt, wo sie ihre Vorstellungen durchsetzen können und wo Kompromisse gemacht werden müssen.
- Die Betroffenen werden angeregt, sich über das Projekt auszutauschen und die Meinung ihrer Kollegen und Bezugspersonen einzuholen.
- Die Betroffenen können das Projektergebnis nicht mehr so leicht ablehnen, denn sie haben selbst daran mitgewirkt.

So überzeugen Sie die Betroffenen vom Projektergebnis

- Entwickeln Sie Argumente, um die Betroffenen zu überzeugen.
- Argumentieren Sie mit korrekten Sachinformationen.
- Heben Sie die Vorteile hervor.
- Machen Sie die Betroffenen zu Beteiligten.
- Machen Sie Vertreter der Betroffenen zu Mitgliedern des Soundingboards.

Für Menschen, die Sie überzeugen müssen, sollten Sie ein vertrauenswürdiger und ehrlicher Partner sein. Zeigen Sie Ihre Präsenz, indem Sie mit Betroffenen diskutieren, ihre Argumente anhören und Fragen beantworten. Mit den folgenden Maßnahmen können Sie Vertrauen aufbauen:

- **Meetings:** Nutzen Sie Meetings der Betroffenen, um über das Projekt zu informieren, und bieten Sie an, jederzeit Fragen zu beantworten.
- **Informationsveranstaltungen:** Führen Sie Informationsveranstaltungen durch, in denen Sie über die Veränderungen durch das Projekt informieren.
- **Info-Postfach:** Richten Sie eine E-Mail-Adresse ein, an die die Betroffenen Ideen, Kritik und Anregungen senden können. Stellen Sie dabei sicher, dass die E-Mails auch beantwortet werden.
- **Informelle Gespräche:** Suchen Sie mit Betroffenen informelle Gespräche, zum Beispiel beim Mittagessen oder in der Teeküche. Weichen Sie auf keinen Fall aus, wenn Sie ein Betroffener anspricht.
- **Lobbying:** Bauen Sie gezielt Kontakte zu Schlüsselpersonen auf. Bitten Sie diese um ein Gespräch, um Ihnen das Projekt zu erläutern. Gewinnen Sie diese Personen als Multiplikatoren.

Mit dem richtigen Medium informieren

Um die Betroffenen zu informieren, stehen Ihnen zahlreiche Kommunikationskanäle zur Verfügung. In diesem Kontext ist Kommunikationskanal explizit zu verstehen: Es geht um den Kanal, also das Medium der Kommunikation, beispielsweise das Intranet, Newsletter oder die Mitarbeiterzeitung. Jeder dieser Kanäle spricht den Empfänger auf eine andere Art an und ist deshalb für die Übermittlung bestimmter Informationen besonders gut oder weniger gut geeignet.

Je persönlicher und emotionaler die Nachricht auf den Empfänger wirken soll bzw. je persönlicher sie ihn betrifft, desto persönlicher muss auch der Kommunikationskanal sein.

Für die Kommunikation können Sie die Kommunikationsmöglichkeiten des Projektmarketings nutzen, die in Abbildung 15 dargestellt sind. Newsletter, Plakate, Mitarbeiterzeitungen, das Intranet und firmeninterne Web-2.0-Anwendungen eignen sich, um Betroffene über die durch das Projekt ausgelösten Veränderungen zu informieren.

Es gibt zudem weitere Kommunikationsmöglichkeiten, die gerade dann vorteilhaft sein können, wenn es darum geht, die Bedeutung des Projekts gegenüber den Betroffenen zu kommunizieren:

Mitarbeiterbrief

Der Mitarbeiterbrief ist ein persönliches Anschreiben der Geschäftsführung an die Mitarbeiter, das an die Privatanschrift versendet wird. Auf diese Weise erhält die Information eine große Wichtigkeit. Setzen Sie den Mitarbeiterbrief nur dann ein, wenn es sich um eine wirklich wichtige Mitteilung handelt, die die Mitarbeiter persönlich betrifft.

Persönliche E-Mail

Auch das elektronische Gegenstück zum Mitarbeiterbrief spricht den Empfänger persönlich an. Ein Geschäftsführer oder der Leiter einer Organisation begründet und erklärt darin das Veränderungsprojekt. In der E-Mail kann auch ein Appell oder ein Wunsch formuliert werden.

Persönliche Ansprache

Besonders wirkungsvoll ist es, wenn die Geschäftsführung ihre Botschaft nicht schriftlich, sondern mündlich übermittelt. Voicemail, Podcast und Vodcast (Videopodcast) sind hierfür geeignete Medien. Als Voicemail aufgezeichnet lässt sich die Ansprache eines Geschäftsführers in die Telefonanlage einspeisen, sodass der Mitarbeiter sie hört, sobald er zum Telefon greift. Auf diese Weise wird quasi ein persönlicher Anruf des Geschäftsführers simuliert. In Form von Podcasts und Vodcasts dagegen wird die aufgezeichnete Ansprache ins Intranet gestellt, wobei es sich anbietet, dies mit einer E-Mail zu kombinieren, die einen entsprechenden Link enthält. Jeder Mitarbeiter kann die Nachricht aufrufen und dann anhören bzw. ansehen.

FAQ

In Veränderungsprozessen haben die Betroffenen viele Fragen, und manche davon kehren immer wieder. Eine Zusammenstellung dieser Fragen mit den entsprechenden Antworten, genannt FAQ (vom englischen „frequently asked questions"), ist sehr nützlich. Mitarbeiter können hier nachsehen, ob es auf ihre Frage vielleicht schon eine Antwort gibt, zugleich wird hier ein Zugang zum Thema über Fragen geschaffen. FAQ zeigen somit letztlich, dass man weiß, welche Fragen die Mitarbeiter bewegen, und auch bereit ist, diese zu beantworten.

Prinzipien der Kommunikation beachten

Neben dem Medium spielt auch die Art und Weise, wie kommuniziert wird, eine Rolle. Texte geben die Nachricht in der Regel sachlich wieder und eignen sich, um Fakten zu vermitteln (zum Beispiel Termine, Ablaufpläne oder technische Informationen). Bilder hingegen sind weniger auf den Intellekt des Empfängers ausgerichtet und sprechen stattdessen mehr seine Emotionen an. Persönliche Ansprachen vermitteln Verbindlichkeit und ermöglichen es den Zuhörern, Stimmungen wahrzunehmen, wie beispielsweise Hoffnung, Entschlossenheit und Begeisterung, allerdings in ungünstigen Fällen auch Desinteresse, Angst oder Enttäuschung.

Damit die Kommunikation mit den Betroffenen gelingt, sollten Sie sich an Prinzipien halten, die sich in vielen Veränderungsprojekten herausgebildet und bewährt haben. Mit diesen Prinzipien tragen Sie dazu bei, dass die Betroffenen den Ablauf des Projekts besser verfolgen und verstehen können und die Möglichkeit haben, sich selbst zu beteiligen. So können sie die Veränderung leichter akzeptieren.

Machen Sie die Denkprozesse im Projekt transparent

Überraschen Sie die Betroffenen nicht mit dem Projektergebnis, sondern bereiten Sie sie bereits in der Planungsphase auf die Neuerungen vor. Legen Sie die Überlegungen offen, die zum Projekt führten, damit die Betroffenen die Gründe für die Veränderung besser nachvollziehen können. Geben Sie Antworten auf folgende Fragen: Was war der Anlass für die Initiierung des Projekts?

Welche Gründe waren bei der Entscheidung ausschlaggebend und wer war daran beteiligt? Fragen Sie auch die Betroffenen nach ihren Ideen und Vorstellungen und beziehen Sie diese in Ihre Überlegungen ein. Hierbei kann Sie ein Soundingboard sehr gut unterstützen.

Benennen Sie Vor- und Nachteile

Jede Veränderung hat Vor- und Nachteile. Sprechen Sie beides an. So erfahren die Betroffenen, was ihr Gewinn aus der Veränderung ist – und welchen Preis sie dafür bezahlen müssen.

Kommunizieren Sie direkt

Persönliche Gespräche oder eine Informationsveranstaltung eignen sich besser, um die Notwendigkeit von Veränderungen zu erklären und bei den Betroffenen die Akzeptanz zu erhöhen. Denn hier können die Teilnehmer Fragen stellen und ihre Bedenken äußern. Damit haben Sie die Chance, Vorstellungen zu korrigieren und auf Sorgen oder Ängste einzugehen. Gleichzeitig erhalten Sie ein Feedback zu Ihrer Kommunikation und können Ihren Kommunikationsstil verbessern. Kommunizieren Sie immer dann direkt, wenn sie wichtige Meilensteine im Projekt erreicht haben oder eine nächste Phase einleiten. So heben Sie die Bedeutung dieser Punkte besonders hervor.

Informieren Sie rechtzeitig

Gerüchte kursieren dann, wenn Sie nicht rechtzeitig informieren. Fehlende Informationen werden durch Vermutungen ersetzt, die oft eine negative Wirkung haben oder sogar Ängste erzeugen. Um das zu verhindern, müssen Sie die Kommunikation aktiv steuern. Versuchen Sie, auch in unsicheren Situationen etwas mitzuteilen, und sei es auch nur, dass die fraglichen Punkte im Augenblick geklärt werden. So vermitteln Sie den Betroffenen Sicherheit. Planen Sie eine Kommunikationsmaßnahme, die dann zum Einsatz kommt, wenn wichtige Ergebnisse erreicht worden sind: Ein Posting im Blog, ein Newsletter oder neue Inhalte auf der Intranetseite zeigen, dass das Projekt weitergeht. Je schneller Sie Inhalte kommunizieren, umso besser verhindern Sie Gerüchte.

Zeigen Sie Möglichkeiten und Szenarien auf

Niemand kann die Zukunft mit Sicherheit voraussagen, aber Sie können Annahmen formulieren, mögliche Entwicklungen des Projektes aufzeigen und damit ein Bild der Zukunft entwickeln. Beschränken Sie sich dabei auf Fakten, die mit großer Wahrscheinlichkeit eintreten werden, und teilen Sie den Betroffenen regelmäßig Ihre Einschätzung über die weitere Entwicklung mit. Damit vermeiden Sie, dass die Mitarbeiter Vermutungen anstellen, die sich über die Gerüchteküche verbreiten.

Stecken Sie Zeiträume ab

Wenn die Mitarbeiter wissen, bis wann etwas erreicht werden soll, können sie den Ablauf besser verfolgen und wissen, wann sie bestimmte Fragen stellen oder bestimmte Antworten erwarten können. Informieren Sie deshalb über den Zeitrahmen für das gesamte Projekt sowie für einzelne Etappen.

Ermöglichen Sie Feedback

Persönliches Feedback in einem Gespräch oder in einer Informationsveranstaltung ist immer wertvoll, sie erhalten dadurch aber nur eine Momentaufnahme von der Wirkung Ihres Projekts. Geben Sie den Betroffenen deshalb zusätzlich weitere Möglichkeiten, Anregungen, Kommentare und Kritik einzubringen, zum Beispiel über eine Hotline, ein Intranet-Forum oder einen Chat. Damit fangen Sie ein breiteres Spektrum von Meinungen ein, bleiben am Puls des Geschehens und können bei Bedarf schnell reagieren.

Verwenden Sie eine allgemein verständliche Sprache

Normalerweise fassen Sie Ihre Präsentationen und Dokumente für das Projektteam und das Management ab und verwenden dabei eine Fach- und Managementsprache, die für die Betroffenen oft unverständlich ist. „Wir haben die Prozessoptimierung als Werte-Treiber identifiziert und fokussieren uns im Projekt auf diesen Key-Success-Faktor", heißt es etwa im Management-Jargon, doch das lässt sich für die Betroffenen auch einfacher formulieren: „Wir werden alle Voraussetzungen schaffen, damit Sie besser zusammenarbeiten können." Senden Sie also nicht einfach Management-Präsentationen und -Dokumente an die Betroffenen, sondern übersetzen Sie diese in eine allgemein verständliche, klare Sprache.

Nehmen Sie Ängste ernst und zeigen Sie Lösungen auf

Die Betroffenen müssen die Veränderung verstehen und nachvollziehen können. Erklären Sie deshalb, warum der Wandel notwendig ist. Achten Sie darauf, dass die Veränderung als Lösung für ein Problem präsentiert wird. Gehen Sie auch auf die Bedürfnisse der Mitarbeiter ein und verschweigen Sie keine unangenehmen Folgen der Veränderung. Versuchen Sie stattdessen, den Betroffenen zu erklären, warum diese in Kauf genommen werden müssen.

Informieren Sie umfassend und ausführlich

Seien Sie auf schwierige Fragen der Mitarbeiter vorbereitet und versuchen Sie, solchen Fragen vorzubeugen, indem Sie umfassend und möglichst ausführlich über die Veränderung berichten. Damit zeigen Sie Kompetenz und Aufrichtigkeit und erwerben sich so Vertrauen.

Treffen Sie Sprachregelungen

Ein Dokument mit allen zentralen Begriffen und Aussagen hilft, die Kommunikation zu vereinheitlichen. Jeder an der Kommunikation Beteiligte erhält die Liste und sollte sich an die Sprachregelungen halten. Die Regelungen sollten jedoch zuvor mit allen Beteiligten abgestimmt werden, denn sie werden nur von denjenigen akzeptiert, die sie auch mittragen.

Entwickeln Sie eine Kommunikationsgeschichte

Die Mitarbeiter reagieren auch emotional auf Veränderungen, insbesondere dann, wenn sie an einem anderen Ort arbeiten sollen, neue Kompetenzen erwerben müssen oder ihnen finanzielle Einbußen bevorstehen. Es reicht deshalb nicht aus, nur auf der sachlichen Ebene zu informieren. Verwenden Sie sprachliche Mittel wie Metaphern, Geschichten, Beispiele oder Bilder. Mit einer Geschichte, die erzählt, wie eine Gruppe Menschen vorbildlich eine schwierige Situation meistert, können Mitarbeiter zum Beispiel gut auf einen langen Veränderungsprozess vorbereitet werden.

Projektergebnisse können **Veränderungsprozesse** auslösen, indem eine neue Technik eingeführt, Prozesse und Verfahren verändert oder Arbeitsstrukturen umgestaltet werden.

Die von diesen Veränderungen Betroffenen müssen nicht nur informiert, sondern auch von den **Veränderungen überzeugt** werden, wenn das Projekt ein Erfolg werden soll.

Wenn die Betroffenen dem Projektleiter und dem Projektteam **vertrauen,** werden Widerstände gegen die Veränderung abgebaut.

Die große Palette der **Kommunikationsmedien** sollte genutzt werden, um die Betroffenen situationsgerecht anzusprechen.

Zu den wichtigsten **Prinzipien der Kommunikation** gehören Transparenz, das Aufzeigen von Perspektiven, die Erläuterung des Nutzens des Projektes sowie eine allgemein verständliche Sprache.

Eine **Kommunikationsgeschichte** macht die Veränderung nachvollziehbar und erzeugt bei den Betroffenen eine positive Einstellung.

7. Kommunikationskompetenz: gut kommunizieren können

Was immer Du schreibst – schreibe kurz,
und sie werden es lesen; schreibe klar,
und sie werden es verstehen; schreibe bildhaft,
und sie werden es im Gedächtnis behalten.

JOSEPH PULITZER (1847–1911),
US-AMERIKANISCHER JOURNALIST
UND VERLEGER

Wer verständlich spricht und schreibt, tut damit nicht nur seinen Zuhörern bzw. Lesern, sondern auch sich selbst einen Gefallen: Es wird wahrscheinlicher, dass das, was er sagen will, auch ankommt, Missverständnisse werden vermieden und die Grundlage für eine gute Beziehung wird gelegt. Denn mit einer verständlichen Ausdrucksweise signalisieren Sie auch, dass Sie den anderen schätzen. Sowohl in der mündlichen als auch in der schriftlichen Kommunikation gibt es dafür Regeln, die sich bewährt haben und eine gute Kommunikation im Projekt ermöglichen.

In diesem Kapitel erhalten Sie Antworten auf die folgenden Fragen:

- Wie verfasse ich verständliche Texte?
- Wie redigiere ich Texte?
- Wie strukturiere ich Gespräche, Meetings und Präsentationen?

Texte verständlich verfassen

Gute Kommunikation beginnt damit, dass man Sie versteht. So selbstverständlich, wie dieser Satz klingt, ist das in der Praxis nicht. Trotzdem machen sich viele Menschen kaum Gedanken darüber, wie sie ihre Redebeiträge und Texte formulieren müssen, damit andere sie gut verstehen.

Verständlichkeit ist nicht selbstverständlich

Ein guter Kommunikator kann nicht nur gut reden, er kann auch gut schreiben. Letzteres ist im Projektgeschäft genauso wichtig wie die Fähigkeit, Präsentationen überzeugend zu halten und Meetings erfolgreich leiten zu können. Denn ein großer Teil der Kommunikation im Projekt findet schriftlich statt, etwa in Form von E-Mails, Berichten oder Artikeln über das Projekt. Ein guter, verständlicher Text schreibt sich nicht von selbst. Es gibt jedoch Regeln, die Ihnen beim Schreiben helfen können. Und denken Sie daran: Je mehr Mühe Sie sich beim Schreiben eines Textes geben, umso leichter hat es der Leser.

Wolf Wondratschek veröffentlichte in seinem Buch Früher begann der Tag mit einer Schusswunde *das folgende Merkblatt zum § 49 der Allgemeinen Dienstanweisung (ADA) der ehemaligen Deutschen Bundespost:*

Beispiel Postsack

Der Wertsack ist ein Beutel, der auf Grund seiner besonderen Verwendung im Postbeförderungsdienst nicht Wertbeutel, sondern Wertsack genannt wird, weil sein Inhalt aus mehreren Wertbeuteln besteht, die in den Wertsack nicht verbeutelt, sondern versackt werden.

Das ändert aber nichts an der Tatsache, daß die zur Bezeichnung des Wertsackes verwendete Wertbeutelfahne auch bei einem Wertsack als Wertbeutelfahne bezeichnet wird und nicht als Wertsackfahne, Wertsackbeutelfahne oder Wertbeutelsackfahne.

Sollte es sich bei der Inhaltsfeststellung eines Wertsackes herausstellen, daß ein in einem Wertsack versackter Wertbeutel statt im Wertsack, in einem der im Wertsack versackten Wertbeutel hätte versackt werden müssen, so ist die in Frage kommende Versackstelle unverzüglich zu benachrichtigen.

Nach seiner Entleerung wird der Wertsack wieder zu einem Beutel und ist auch bei der Beutelzählung nicht als Sack, sondern als Beutel zu zählen. Verwechslungen sind im Übrigen ausgeschlossen, weil jeder Postangehörige weiß, daß ein mit Wertsack bezeichneter Beutel kein Wertsack ist, sondern ein Wertsackpaket.

Dies ist ein Beispiel für einen fast unverständlichen Text. Aber warum ist er unverständlich?

Friedemann Schulz von Thun, Inghard Langer und Reinhard Tausch veröffentlichten in den 60er-Jahren das Buch *Sich verständlich ausdrücken*. Darin stellten sie fest, dass folgende Kriterien zur Verständlichkeit von Texten beitragen:

- **Einfachheit:** Die Wortwahl sollte dem Leser angepasst sein und Sätze sollten eher kurz und möglichst einfach konstruiert werden.
- **Gliederung und Ordnung:** Ein Text sollte sachlogisch aufgebaut sein und dies auch in der äußeren Form widerspiegeln. Dabei sollte der Text zuerst die grundlegenden Sachverhalte erläutern und Schritt für Schritt zu den komplizierteren Zusammenhängen führen. Elemente einer äußeren Gliederung sind Unterteilungen, Einrückungen und Hervorhebungen, aber auch kurze Zusammenfassungen und Hinweise auf die folgenden Sachverhalte.
- **Kürze und Prägnanz:** Ein kurzer und prägnanter Text ist so lang wie nötig, aber so kurz wie möglich. Er enthält keine unnötigen Einzelheiten, Füllwörter oder Abschweifungen und ist genau so ausführlich, wie der Sachverhalt dies erfordert.
- **Anregende Zusätze:** Mit anregenden Zusätzen sollen beim Leser Anteilnahme und Interesse geweckt werden. Dazu gehören Ausrufe, direkte Ansprache, Reizwörter, witzige Formulierungen und sprachliche Bilder.

Betrachtet man die oben zitierte Dienstanweisung zum Postbeutel unter diesen Kriterien, dann hat dieser Text einen komplizierten Satzbau, ist kaum gegliedert und weitschweifig geschrieben. Ganz zu schweigen davon, dass er keinen Anreiz zum Lesen bietet – was bei einem Amtstext allerdings auch nicht notwendig ist.

Ein verständlicher Text ist einfach geschrieben, gut gegliedert, kurz und prägnant und bietet dem Leser Anreize, die sein Interesse am Text wecken.

Mit diesen Kriterien lässt sich jeder unverständliche Text in einen gut lesbaren umwandeln. Der Beispieltext könnte dann so lauten:

Überarbeitung des Beispiels

Äußerlich unterscheiden sich Wertbeutel und Wertsack nicht. Denn ein Wertbeutel wird erst durch seine Verwendung zum Wertsack. Ein Wertbeutel wird dann Wertsack genannt, wenn er mit mehreren Wertbeuteln gefüllt wird. Der Ausdruck dafür in der Fachsprache ist „versacken".

Folgende Punkte sind zu beachten:

- *Ein Wertsack wird wie ein Wertbeutel mit einer Wertbeutelfahne gekennzeichnet.*
- *Die Versackstelle muss so schnell wie möglich benachrichtigt werden, falls ein Wertbeutel statt im Wertsack in einem Wertbeutel ist.*
- *Wertsäcke werden als Wertbeutel gezählt, da beide sich äußerlich nicht unterscheiden.*

Der ursprüngliche Text besteht aus 150 Wörtern und 4 Sätzen, der neue Text dagegen aus 86 Wörtern und 8 Sätzen. Rein äußerlich sind verständliche Texte kürzer als ihre unverständlichen Gegenstücke, aber sie bestehen aus mehr Sätzen.

Ein wichtiges Kriterium für die Verständlichkeit eines Textes ist die Satzlänge. Ein Satz sollte genau so lang sein, dass er vom Gehirn in drei Sekunden aufgenommen werden kann. Das ist die Zeit, in der sich das Kurzzeitgedächtnis den Satz als Ganzes merkt. Ein Satz des ursprünglichen Textes ist mit durchschnittlich 37,5 Wörtern mehr als doppelt so lang, wie er sein sollte, um verständlich zu sein. Die verbesserte Variante hat im Schnitt elf Wörter pro Satz. Massenmedien wie die Tagesschau oder die Bildzeitung arbeiten mit noch kürzeren Sätzen: Die Tagesschausätze haben zwölf Wörter, die der Bildzeitung sogar nur fünf.

Satzlänge

Zielgruppe beachten Das Wichtigste bei einem Text ist, dass der Leser ihn versteht. Um das zu erreichen, müssen sich Sprache und Wortwahl an der Zielgruppe ausrichten:

- Sind es Experten oder Menschen, die das erste Mal vom Thema hören?
- Sind es Deutsche oder ist der Text auch für ausländische Mitarbeiter bestimmt?
- Richtet sich der Text an das Management oder an die Nutzer des Projektergebnisses?

Verständlich zu schreiben heißt mit den Worten des Lesers zu schreiben. Eine einfache verständliche Sprache zeichnet sich dadurch aus, dass sie von jedem Leser verstanden wird. Dafür gibt es folgende Grundregel: Je größer das Publikum ist, desto einfacher muss die Sprache sein. Die Verständlichkeit eines Textes hängt von der Wortwahl, dem Aufbau der Sätze und dem Schreibstil ab.

Wortwahl Ein Schreiber sollte nur den Wortschatz benutzen, den seine Leser verstehen. Es hat sich bewährt, sich beim Schreiben einen konkreten Leser vorzustellen, um die Worte zu finden, die der typische Leserkreis benutzt.

Fachbegriffe und Abkürzungen Zu fachlichen Texten gehören Fachbegriffe und Abkürzungen. Mit ihnen verständigen sich Fachleute. Für Leser, die nicht zum jeweiligen Expertenkreis gehören, sind diese Texte oft kaum verständlich. Deshalb werden Fachbegriffe oft in einem Glossar erklärt. Nicht immer ist jedoch eine solche Erklärung nötig, denn im Zuge des Sprachwandels lässt sich beobachten, dass Fachbegriffe gelegentlich vollkommen in den allgemeinen Sprachgebrauch übergehen. So muss etwa der Ausdruck „Computer", vor einigen Jahrzehnten noch ein nur Experten bekannter Begriff für einen Elektrorechner, heute niemandem mehr erklärt werden. Ob ein Fachbegriff verständlich ist oder nicht, bestimmt immer der Kreis der Leser. Das Gleiche gilt für Abkürzungen: Sie müssen nicht aufgelöst werden, wenn sie als Abkürzung verständlich sind, wie zum Beispiel „IBM" (International Business Machines Corporation) oder „Laser" (Light Amplification by Stimulated Emission of Radiation).

Sowohl beim Schreiben für eine breite Leserschaft als auch beim Verfassen von Fachtexten für Experten gilt: Deutsche Wörter haben im Zweifelsfall Vorrang vor Fremdwörtern. Wenn es ein deutsches Wort gibt, das den Inhalt trifft, dann ist das immer einem möglichen Fremdwort vorzuziehen. Statt „kausal" heißt es besser: „ursächlich". Auch Fachleuten fällt es leichter, deutsche Wörter zu lesen als griechische, lateinische oder englische Fachbegriffe.

Fremdwörter vermeiden

Die Sprache sollte schlank und frei von Überflüssigem sein. Wörter mit geringem Aussagewert, sogenannte Füllwörter, sollten deshalb vermieden werden.

Füllwörter vermeiden

Beispiele für Füllwörter: nun, gar, ja, wohl, allemal, sowieso, eigentlich, irgendwo, ausgerechnet, selbstverständlich, überaus.

Das Gleiche gilt auch für Ausdrücke und Wendungen, die nichts sagen, sondern nur den Text aufblähen.

Beispiele für aufgeblähte Sprache sind: im Bereich des Sports (statt: im Sport), auf dem Kultursektor (statt: in der Kultur).

Es gibt zahlreiche weitere Spielarten aufgeblähter Sprache. Um Texte möglichst schlank zu halten, sollte deshalb Folgendes vermieden werden:

- **Überflüssige Silben:** (ab)sinken – (an)mieten – (an)gedacht – (Ab)verkauf – (Haar)frisur.
- **Komplexe Wendungen, die sich durch ein einfaches Wort ersetzen lassen:** keine Seltenheit (statt: häufig), zu diesem Zeitpunkt (statt: jetzt), strenges Stillschweigen bewahren (statt: schweigen).
- **Überflüssige Superlative:** vollste Zufriedenheit (statt: volle Zufriedenheit), treueste Mitarbeiter (statt: treue Mitarbeiter).

Adjektive, auch Eigenschaftswörter genannt, sollte man ebenfalls sehr überlegt einsetzen. Sie erfüllen drei Zwecke:

Adjektive

- Durch sie werden Gegenstände voneinander unterschieden: das rote Auto vom schwarzen Auto.

- Eine Sache wird präzisiert: die felsige Küste.
- Eine Sache erhält eine subjektive, oft emotional gefärbte Wertung: die blumige Sprache, der interessante Vortrag.

Adjektive einsparen

Es ist ratsam, mit Adjektiven sparsam umzugehen. Je weniger Adjektive verwendet werden, umso kürzer und verständlicher wird ein Text. In folgenden Fällen kann man auf Adjektive verzichten:

- Wenn Adjektive, die keine präzise Eigenschaft beschreiben, zum Füllwort werden, was häufig vorkommt bei: modern, eklatant, zukunftsweisend, groß, schön, interessant, erheblich.
- Wenn ein Adjektiv eine Eigenschaft beschreibt, die bereits zur Definition des Substantivs gehört, etwa bei: dickes Tau, steile Felswand, prominenter Star, innovative Neuentwicklung, gezielte Maßnahme, feste Überzeugung.
- Wenn durch das Adjektiv nur eine inhaltsleere Wortkombination entsteht, wie bei: globale Übergangsdynamik, konzertierte Interaktionstendenz, harmonische Übergangsebene.

Verben statt Nominalstil

Eine Wortart, auf die man beim Verfassen von Texten nicht verzichten kann, sind die Verben. Grundschüler lernen Verben als „Tuwörter" kennen, und das aus gutem Grund: Ein Verb handelt, bewegt und macht etwas im Satz, während ein daraus abgeleitetes Hauptwort statisch wirkt. Solche substantivierten Verben sind typisch für den sogenannten Nominalstil, der durch eine Häufung von Substantiven gekennzeichnet ist. Er sollte vermieden werden, da er den Text verkompliziert.

„So wie man sich bettet, so liegt man", heißt es in Bertholt Brechts Die Dreigroschenoper. *Ein einfacher Satz, der im Nominalstil jedoch folgendermaßen lauten würde: „Je nach Maßnahme der Bettung ist die Befriedigung des Liegebedürfnisses von Unterschiedlichkeit gekennzeichnet."*

Verben haben noch einen weiteren Vorteil: Jedes Verb führt uns ein Bild vor Augen, spricht unsere Sinne an und macht Texte dadurch anschaulich. Texte mit Verben, die den Sachverhalt treffen, öffnen sich unmittelbar für den Leser. Viele Texte aus dem Arbeitsumfeld enthalten jedoch Verben, die keine Vorstellungen auslösen: Aus

„etwas tun" wird „durchführen" und aus dem schlichen „ist" wird „es beläuft sich". Es lohnt sich, bewusst einfache, aber dafür ausdrucksstarke Verben zu nutzen.

Neben der Wortwahl entscheidet die Satzbildung über die Verständlichkeit eines Textes. Grundsätzlich gilt für Fachtexte, dass deren Satzbildung einfach ist. Dafür gibt es eine einfache Faustregel: Hauptsachen gehören in Hauptsätze und Nebensachen in Nebensätze. Die wichtigsten, zentralen Aussagen sollten in einem Hauptsatz formuliert werden. Nebensätze sind nicht verboten, jedoch sollten sie kurz sein und möglichst hinter dem Hauptsatz stehen. Satzbildung

Stehen Nebensätze vor dem Hauptsatz, dann spricht man von einem vorangestellten Nebensatz. Diese Form der Satzbildung ist meistens nicht sinnvoll und sollte vermieden werden, denn dadurch rückt das Wesentliche der Aussage an das Ende.

Ähnlich problematisch wie vorangestellte Nebensätze sind Schachtelsätze. Diese entstehen, wenn der Hauptsatz durch einen Nebensatz unterbrochen wird, um zusätzliche Informationen zu ergänzen. So wird die logische Argumentation des Hauptsatzes durch zusätzliche Informationen unterbrochen. Der Leser konzentriert sich auf Nebensächliches und verliert die Kernaussage aus den Augen.

Texterstellung: vom Entwurf bis zum letzten Schliff

Die Biografien großer Schriftsteller zeigen, dass diese ihre Texte immer wieder bearbeitet haben, bis daraus ein Kunstwerk wurde. Ein guter Text entsteht nicht beim ersten Wurf. Bewährt hat sich eine Texterstellung in drei Phasen, bei der Sie sich in jedem Schritt auf einen anderen Aspekt des Textes konzentrieren.

1. **Entwerfen:** Der Text muss inhaltlich vollständig sein, das heißt alles enthalten, was Sie mitteilen wollen. (Machen Sie sich besser noch keine Gedanken über Formulierungen, sonst vergessen Sie vielleicht einen wichtigen inhaltlichen Aspekt.)

2. **Ausformulieren:** Nun geht es darum, verständliche Sätze zu formulieren, wobei Sie Ihre Aufmerksamkeit einzelnen Sätzen, nicht dem gesamten Text widmen. (Wenn Sie dabei schon zu intensiv auf Rechtschreibung und Grammatik achten, geht möglicherweise der Schreibfluss verloren.)

3. **Verbessern:** Erst jetzt geht es um Details: Verbessern Sie Grammatik und Rechtschreibung und achten Sie auch auf das Layout.

Beim Schreiben eines Textes sind prinzipiell zwei unterschiedliche Ausgangssituationen möglich:

- **Botschaft bekannt:** Sie kennen die Botschaft, wissen aber nicht, für welche Zielgruppe diese wichtig ist. (Beispiel: Der Projekttermin kann nicht gehalten werden.) Überlegen Sie in diesem Fall, für wen die Botschaft wichtig sein könnte, aber auch, für wen sie nicht relevant ist.

- **Zielgruppe bekannt:** Sie kennen die Zielgruppe, wissen aber nicht, welche Informationen die Zielgruppe benötigt. (Beispiel: Information des Managements über das Projekt.) Überlegen Sie in diesem Fall, welche Informationen für die Zielgruppe interessant sind, aber auch, welche sie nicht braucht.

Zielgruppenorientiert schreiben

Texte, die nach dem Prinzip „ein Text für alle" erstellt wurden, sind meist Mammutdokumente, von denen jede Zielgruppe eigentlich nur einen Teil benötigt. Der Leser Ihrer Dokumente kann dies aber erst entscheiden, wenn er den gesamten Text gelesen hat. Diesen Aufwand können Sie ihm ersparen, wenn Sie den Text an der Zielgruppe ausrichten. Erstellen Sie also besser mehrere kurze Dokumente, die auf die jeweilige Zielgruppe abgestimmt sind. Alternativ können Sie auch einen langen Text thematisch so gliedern, dass die Leser anhand der Gliederung die für sie wichtigen Themen finden können. Geben Sie dazu den Kapiteln des Textes aussagekräftige Überschriften.

Botschaften begründen

Jeder Text hat eine oder mehrere Botschaften. Sammeln Sie die Botschaften, bevor Sie mit dem Schreiben beginnen. Das hilft Ihnen, sich auf das Wesentliche zu konzentrieren. Die Kernbotschaften sind meistens nicht von alleine verständlich. Zu jeder Kernbotschaft sollten Sie deshalb Hintergrundinformationen vermitteln, mit denen der Leser die Botschaft einordnen kann. Achten Sie bei wichtigen Botschaften auf folgende Schritte bei der Texterstellung:

- **Botschaft begründen:** Beantworten Sie für den Leser die Frage: Warum teile ich Ihnen dies mit? Beispiel: „Ich teile Ihnen dies mit, damit Sie sich auf den Termin mit dem Vorstand vorbereiten können."
- **Botschaft belegen:** Eine Botschaft gewinnt an Glaubwürdigkeit, wenn sie durch Fakten belegt wird. Beispiel: „Die Kosten für das Projekt sind gestiegen. Bei der Planung des Projekts betrugen sie 500 000 Euro und jetzt 600 000 Euro."
- **Botschaft konkretisieren:** Allgemein gehaltene Botschaften lassen viele Aussagen in der Schwebe. Benennen Sie konkret, um was es geht. Beispiel: „Ich beantrage die Erhöhung des Projektbudgets."
- **Folgen aufzeigen:** Die Wichtigkeit einer Botschaft wird oft erst erkannt, wenn klar wird, was passiert, wenn sie nicht beachtet wird. Beispiel: „Wird das Projektbudget nicht erhöht, dann müssen wir den Umfang des Projektes verkleinern."

Kernbotschaften und Hintergrundinformationen bilden den Inhalt Ihres Textes. Vor dem Schreiben müssen diese Informationen in eine sinnvolle Reihenfolge gebracht werden. Das Gliederungsprinzip sollte die Logik der Informationen widerspiegeln. Dabei gibt es grundsätzlich zwei verschiedene Möglichkeiten: *Gliederungsprinzipien*

- **Die Informationen konkretisieren eine Kernaussage:** Dann besteht die Gliederung aus der Kernaussage und den sie unterstützenden Teilaussagen. Diese sollten nach einem einheitlichen Prinzip angeordnet sein, zum Beispiel nach dem Prinzip einer Stückliste, nach Prozessschritten oder in chronologischer Reihenfolge.
- **Die Information leitet sich von einer logischen Schlussfolgerung ab:** Beispiele für diese Variante sind „Vorteil – Nachteil – Schlussfolgerung" oder „Problem – Lösung – Lösungsweg". Diese Form der Argumentation nennt man Dreisatzargumentation, weil die Begründung in drei logisch aufeinanderfolgenden Sätzen gegeben wird.

Anwendung	Schritt A	Schritt B	Schritt C
Appell	aktueller Aufhänger	Darstellung	Appell
Lösung	Symptome	Ursachen	Lösungsvorschlag
Soll-Vorstellung	Was war?	Was ist?	Was wird sein?
Entscheidung	Pro	Contra	eigene Meinung
Synthese	These	Antithese	Synthese
Nutzenargumentation	Problem	Vorgehen	Kosten / Nutzen

Tabelle 3: Die Dreisatzargumentation gibt Ihren Argumenten eine Struktur.

In der Tabelle 3 sind mögliche Argumentationsfolgen zusammengestellt, nach denen sich ein Text gliedern lässt.

Prinzip der umgekehrten Pyramide

Nach dem Prinzip der umgekehrten Pyramide steht am Beginn eines Textes das Wichtigste, und zwar in der Regel die Antworten auf die Fragen „Wer?", „Was?", „Wo?" und „Wann?". Damit erhält der Leser die Basisinformationen. Danach werden diese Informationen belegt. An dritter Stelle folgen die Zusammenhänge und Hintergründe, etwa in Form von Antworten auf die Fragen „Wie?", „Warum?" und „Was noch?". Anhand dieser Struktur erkennt der Leser gleich zu Beginn, ob die Information für ihn relevant ist. Wichtig ist das besonders bei Texten, die der Leser am Bildschirm liest. Er scrollt dann weiter, wenn er eine Information als wenig wichtig erachtet.

So entwerfen Sie einen guten Text

- Tragen Sie alle verfügbaren Informationen zusammen.
- Prüfen Sie, ob diese Informationen für die Zielgruppe interessant sind.
- Formulieren Sie den Aufhänger. Suchen Sie dazu das Interessanteste, Nützlichste oder Überraschendste aus dem Material.
- Schreiben Sie die weiteren Fakten, Erläuterungen und Hintergründe auf. Berichten Sie dabei von den Details.
- Finden Sie eine ausdrucksstarke Überschrift.
- Verzichten Sie beim Schreiben auf überflüssige Adjektive, Superlative und Füllwörter.

Beim Textschliff wird so lange am Text gefeilt, bis er aus der Sicht des Schreibers eine runde Sache ist. Dabei werden Informationen ergänzt oder korrigiert, aber auch Sachverhalte gestrichen, die sich als nicht notwendig für den Gesamtzusammenhang herausstellen. Den letzten Schliff bekommt der Text dadurch, dass Formatierungen vereinheitlicht werden und die Struktur des Textes durch die Formatierung hervorgehoben wird. Textschliff

Um einen Text zu korrigieren, muss der Verfasser zunächst seine Betriebsblindheit gegenüber dem Text überlisten. Dazu hat er vier Möglichkeiten: Textkorrektur

- **Liegenlassen des Textes:** Der Text wird mindestens einen Tag lang nicht mehr angefasst. Je mehr Zeit der Verfasser verstreichen lässt, desto mehr Distanz bekommt er zu seinem eigenen Text. Er kann dann mehr Fehler erkennen als beim Durchlesen direkt nach dem Schreiben.
- **Wechsel des Mediums:** Dazu wird der Text ausgedruckt, wenn er am PC geschrieben wurde. Der Wechsel des Mediums erzeugt eine Distanz zum Text und macht so Fehler besser sichtbar.
- **Lautes Lesen:** Wenn man einen Text laut liest, nimmt man ihn anders wahr. Durch das Hören werden besonders Fehler oder Ungereimtheiten im Sprachrhythmus erkannt. Lesen verlangsamt auch die Aufnahme des Textes, was die Chance erhöht, Fehler zu entdecken.
- **Korrekturlesen durch Freunde und Kollegen:** Der Text wird Menschen gegeben, von denen man ein ehrliches Feedback erhält. Sie sind dann sozusagen die Probeleser, deren Aufgabe es ist, Fehler im Text zu erkennen.

So korrigieren Sie einen Text

- Prüfen Sie die Grammatik: Deklination, Konjugation (insbesondere auf korrekte und einheitliche Zeitformen im gesamten Text achten), Satzbau und Bezüge.
- Prüfen Sie die Rechtschreibung: Groß- und Kleinschreibung, Fremdwörter, Zusammenschreibung, Trennung, Zeichensetzung.

- Sind Fachbegriffe und Zitate richtig wiedergegeben und Namen und Benennungen einheitlich?
- Ist der Text frei von überflüssigen Wendungen und Füllwörtern?
- Sind Wortwahl und Abstraktionsniveau für die Zielgruppe geeignet?
- Gibt es keine unnötigen Schachtelsätze oder Klammerkonstruktionen? Sind die Sätze generell kurz und prägnant? Steht das Wichtigste in Hauptsätzen?
- Wird der Nominalstil vermieden? Enthält der Text ausdrucksstarke Verben?
- Wurden aufgeblähte Sprache, Füllwörter, modische Wortbildungen, Sprachmarotten und anfechtbarer Jargon vermieden?
- Gibt es keine unnötigen Fremdwörter und Anglizismen?
- Sind Sätze abwechslungsreich konstruiert und werden Wiederholungen von Wörtern und Wendungen vermieden?
- Wurden alle Schreibkonventionen beachtet?
- Ist der Text frei von schiefen Sprachbildern und Stilblüten?

Gesprächssituationen im Projekt

Im Projekt gibt es eine Fülle von Gesprächssituationen, angefangen bei der Projektpräsentation beim Lenkungsausschuss bis hin zum persönlichen Gespräch beim Mittagessen. Folgende Kommunikationssituationen sind im Projekt typisch:

- **Einzelgespräch:** Beispiele sind Mitarbeitergespräche, Gespräche mit dem Auftraggeber, dem Sponsor oder anderen Stakeholdern. Hier reden Sie mit einem oder mehreren anderen Gesprächspartnern. Das Typische daran ist, dass die Interaktion immer bilateral verläuft. Es reden immer zwei Parteien miteinander.
- **Gruppengespräch:** Typische Gruppengespräche sind Teammeetings, Workshops oder auch das Meeting des Projektlenkungsausschusses. Hier reden die Teilnehmer nicht nur zum Leiter, sondern auch untereinander. Der Leiter vertritt nicht nur den Inhalt, sondern muss auch das Gespräch unter den Teilnehmern steuern.

- **Präsentation:** Dazu gehört die Projektpräsentation beim Auftraggeber, bei den zukünftigen Anwendern, aber auch die Präsentation im Projektteam. Bei Präsentationen steht der Präsentator im Mittelpunkt. Die Kommunikation geht von ihm aus und muss vielen unterschiedlichen Interessen und Kommunikationswünschen gerecht werden.

Damit Ihre Gesprächspartner Sie in diesen Gesprächssituationen verstehen, müssen Sie das, was Sie sagen wollen, so strukturieren, dass diese es nachvollziehen und in ihr Gedankengebäude einordnen können. Dies gelingt Ihnen am besten, wenn Sie für den Zuhörer einen Prozess gestalten, der ihn Schritt für Schritt dazu führt, die Information zu verstehen, aufzunehmen und in der von Ihnen beabsichtigten Art und Weise umzusetzen.

Kommunikations-
prozess

Gespräche, Meetings und Präsentationen sind Kommunikationsprozesse, mit denen Menschen informiert, Sachverhalte geklärt, Interessen ausgehandelt und Konflikte gelöst werden. Im Unterschied zu Alltagsgesprächen haben Kommunikationssituationen im Projekt ein Ziel und werden bewusst gestaltet.

Bewährt hat sich, Kommunikationsprozesse in sechs Schritte zu gliedern. An diese Struktur können Sie sich halten, ob Sie eine Präsentation halten, einen Workshop moderieren oder ein Gespräch mit einem Mitarbeiter führen. Diesen Prozess stellt Abbildung 16 auf Seite 130 dar.

Abb. 16: Schritt für Schritt zum Gesprächsergebnis.

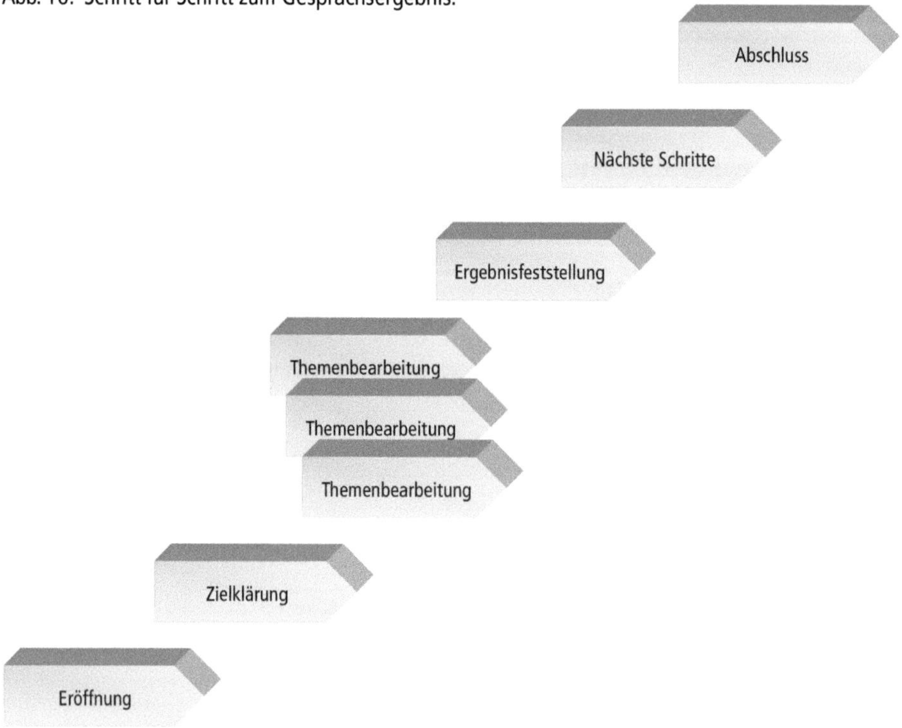

Abschluss

Nächste Schritte

Ergebnisfeststellung

Themenbearbeitung

Themenbearbeitung

Themenbearbeitung

Zielklärung

Eröffnung

Schritt 1: Einladung und Eröffnung bereiten den Boden

Die Basis legen Sie bereits vor dem Kommunikationsereignis. Mit der Einladung bereiten Sie den Boden. Sie stimmt die Gesprächspartner oder die Teilnehmer einer Präsentation auf das Ereignis ein und geben ihnen eine erste Orientierung. Eine gute Einladung hat die folgenden drei Elemente:

- **Organisatorische Angaben:** Nennen Sie Zeit und Ort und, falls erforderlich, auch einen Hinweis für die Anreise.
- **Ziel:** Teilen Sie den Teilnehmern mit, was Sie erreichen wollen. So können diese ihre Erwartungen mit den Ihrigen abstimmen.
- **Inhalt:** Nennen Sie die Themen, um die es geht. Nur so können sich die Teilnehmer vorbereiten.

Raumgestaltung und Atmosphäre spielen oft eine größere Rolle, als man annimmt. Denn wenn sich die Teilnehmer im Raum nicht wohlfühlen, weil er zu klein, zu heiß oder dunkel ist, dann beeinträchtigt das deren Konzentration. Ungeduld und eine aggressive Stimmung sind die Folge. Durch kleine Gesten können Sie zeigen, dass Ihnen das Treffen wichtig ist: Bereitgestellte Getränke zeigen, dass Ihre Kommunikationspartner sich wohlfühlen sollen. Bereitgelegte Unterlagen sind ein Zeichen dafür, dass Sie sich vorbereitet haben. Mithilfe der folgenden Punkte geben Sie dem Gespräch einen guten Start:

- Eröffnen Sie eine Präsentation, ein Gespräch oder einen Workshop positiv.
- Nehmen Sie Blickkontakt mit dem Gesprächspartner bzw. den Teilnehmern auf und sprechen sie diese an.
- Zeigen Sie persönliches Interesse am Gesprächsgegenstand.
- Vermitteln Sie Ihrem Gesprächspartner das Gefühl, dass Sie am Thema und an seiner Person interessiert sind.
- Bringen Sie sich selbst mit Ihren Wünschen, Gefühlen und Empfindungen ein.
- Geben Sie Ihrem Gesprächspartner oder den Teilnehmern Zeit, sich auf die Situation einzustellen. Gehen Sie erst danach zum Thema über.

Nach einigen Minuten werden Sie merken, dass Sie Kontakt zum Gesprächspartner oder zu den Teilnehmern haben. Wenn diese den Blick auf Sie richten, konzentriert sind und sich aus deren Mimik und Gestik ablesen lässt, dass sie Ihren Worten folgen, haben Sie den Boden bereitet.

Schritt 2: Ziel definieren und Themenfeld abstecken

Dieser Schritt dient dazu, ein gemeinsames Verständnis vom Thema herzustellen. Machen Sie in dieser Phase das Ziel deutlich. Bei einem Gespräch legen Sie fest, welche Informationen Sie benötigen oder welche Entscheidungen gefällt werden müssen. Gemeinsam mit dem Gesprächspartner entsteht dann eine Liste der zu besprechenden Punkte. Am Ende des Gespräches kann diese dann genutzt werden, um festzustellen, ob alle Punkte besprochen sind. Bei einem Meeting besprechen Sie mit den Teilnehmern die Agenda und nehmen ggf. Punkte auf, die den Teilnehmern wichtig sind. Teilen Sie bei einer Präsentation den Teilnehmern zu Beginn mit, was Sie erreichen wollen und was Sie von den Teilnehmern nach der Präsentation erwarten.

Schritt 3: Inhalte präsentieren, Fragen stellen und Antworten visualisieren

Der dritte Schritt ist der Hauptteil. Wie Sie diesen gestalten, hängt vom Thema ab. Grundsätzlich gilt: Die Struktur dieses Teils muss zur Logik des Themas passen. Informationen werden besser aufgenommen, wenn Sie neben dem gesprochenen Wort auch visualisiert sind. Dies gilt nicht nur für eine Präsentation, sondern auch für Workshops und Gespräche. Folgende Tipps helfen Ihnen, den Kommunikationsprozess zu steuern:

- Halten Sie die Kommunikation im Fluss.
- Halten Sie Kontakt mit dem Gesprächspartner oder den Teilnehmern.
- Achten Sie darauf, dass das Ziel erreicht wird.
- Führen Sie bei Abschweifungen wieder zurück zum Thema.
- Reagieren Sie auf Störungen frühzeitig.

Schritt 4: Ergebnisse zusammenfassen

Was die Teilnehmer am Ende hören, bleibt ihnen im Gedächtnis. Indem Sie die Inhalte in verdichteter Form wiederholen, können Sie die wesentlichen Punkte nochmals betonen oder einen Appell aussprechen. Bei einem Gespräch und einem Meeting fassen Sie die Ergebnisse zusammen. Bei einem Meeting sollten Sie diese auf einem Flipchart visualisieren. Bei einer Präsentation wiederholen Sie nochmals die Kernbotschaften und verdeutlichen so, worauf es Ihnen in der Präsentation ankam.

Schritt 5: Weiteres Vorgehen vereinbaren

Im vorletzten Schritt werden konkrete Aktivitäten vereinbart. In einem Gespräch werden Sie mit dem Gesprächspartner festhalten, was jeder im Anschluss zu tun hat. Bei einem Gruppengespräch oder Workshop erstellen Sie eine Maßnahmenliste. Eine Präsentation sollte mit einem klaren Appell abschließen. Eine Statuspräsentation vor dem Projektlenkungsausschuss könnte beispiels-

weise mit dem Appell enden, den aufgezeigten Maßnahmen zu-
zustimmen.

Schritt 6: Das Gespräch abschließen

Der Abschluss ist das Gegenstück zur Eröffnung. Der letzte Pro-
zessschritt ist eine Gelegenheit, um sich über den Verlauf und die
Zufriedenheit mit den erzielten Ergebnissen auszutauschen. In dieser Phase werden die Präsentation, das Meeting oder das Gespräch
abgeschlossen und die Teilnehmer verabschiedet.

In der folgenden Tabelle 4 ist dargestellt, wie die sechs Schritte des
Kommunikationsprozesses in den drei typischen Kommunikationssituationen im Projekt gestaltet sind.

Prozessschritt	Einzelgespräch	Gruppengespräch	Präsentation
Eröffnung	Small Talk	Vorstellungsrunde; Einstiegsfrage	Selbstvorstellung; positive Geschichte
Ziele definieren	Gemeinsames Verständnis über Gesprächsziel und Inhalt herstellen	Ziel benennen und gemeinsames Verständnis herstellen; Erwartungen klären	Ziel der Präsentation benennen; Agenda vorstellen
Inhalte bearbeiten	Themen besprechen	Diskussion; Methoden zur Themenbearbeitung	Inhalte der Präsentation vortragen
Ergebnisse zusammenfassen	Zusammenfassen des Gesprächsergebnisses	Zusammenfassen der Ergebnisse auf einem Flipchart	Fazit der vorgestellten Inhalte
Maßnahmen festlegen	Vereinbaren von Maßnahmen	Maßnahmenplan erstellen	Appell an die Zuhörer
Abschluss	Small Talk	Feedback	Fragen beantworten; Verabschiedung der Teilnehmer

Tabelle 4: Präsentationen, Meetings und Gespräche folgen immer
der gleichen Logik.

Verständliche Texte sind einfach, gut gegliedert, prägnant und wecken das Interesse des Lesers.

Die **Texterstellung** erfolgt in drei Schritten: Entwerfen – Ausformulieren – Verbessern.

Texte folgen dem **Prinzip der umgekehrten Pyramide:** Das Wichtigste kommt zuerst.

Die typischen **Gesprächssituationen** im Projekt sind Einzelgespräche, Gruppengespräche und Präsentationen.

Jede Kommunikationssituation im Projekt kann nach dem folgenden **Kommunikationsprozess** strukturiert werden:
Eröffnung – Ziele definieren – Inhalte bearbeiten – Ergebnisse zusammenfassen – Maßnahmen festlegen – Abschluss.

8. Interkulturelle Kommunikation: mit Menschen anderer Kulturen kommunizieren

Kultur ist nichts Sichtbares, sondern das unsichtbare Band, das die Dinge zusammenhält.

JOSEPH JOUBERT

Sind für Sie internationale Projekte ein Albtraum oder eine interessante Herausforderung? Ein Albtraum, weil Sie nicht in Ihrer Muttersprache sprechen können und es immer wieder zu Schwierigkeiten kommt, die in einem rein deutschen Projekt unvorstellbar wären? Oder doch interessant, weil Sie mit Menschen aus anderen Kulturen zusammenarbeiten, neue Erfahrungen machen und sich auf internationalem Parkett bewegen können? Kommunikation in internationalen Projekten muss nicht schwierig sein. Sie gelingt, wenn Sie sensibel für kulturelle Unterschiede sind und die Fähigkeit haben, ihr Verhalten auf Menschen mit anderen Gewohnheiten einzustellen.

In diesem Kapitel erhalten Sie Antworten auf die folgenden Fragen:

- Wie beeinflusst die Kultur die Kommunikation?
- Wann kommt es zu Kommunikationsproblemen mit Menschen aus anderen Kulturen?
- Wie entstehen kulturgeprägte Kommunikationskonflikte?
- Welche typischen Kommunikationsmuster gibt es?
- Welchen Einfluss hat die Sprache auf die Kommunikation?

Kultur prägt unser Verhalten

Definition Kultur

Der Ausdruck „Kultur" ist in aller Munde. Fragt man jedoch, was „Kultur" eigentlich bedeutet, erhält man, wenn überhaupt, nur schwammige Antworten. Wenn wir von der „Kultur anderer Länder" reden, meinen wir, dass Menschen aus dem Ausland sich anders verhalten als wir und dass es landesspezifische, typische Verhaltensweisen gibt. Die Kultur einer Gruppe beruht auf gemeinsamen Ansichten und Werten. Sie haben sich über Jahrhunderte bewährt und sind für die Mitglieder der Kultur bindend. Kulturelle Verhaltensmuster geben den Menschen Orientierung für ihr Handeln in konkreten Situationen. Sie reduzieren damit die Vielzahl möglicher Handlungsalternativen auf eine, die sich durch eine kollektive Erfahrung bewährt hat.

Kultur ist ein System informeller Regeln, die beschreiben, wie die Mitglieder einer Kultur sich die meiste Zeit über verhalten sollen. Sie hilft zu entscheiden, wie man sich in einer konkreten Situation verhalten soll.

Die wichtigsten Merkmale einer Kultur sind:

- **Gemeinschaft:** Eine Kultur kennzeichnet eine soziale Gemeinschaft, die sich durch diese Kultur von anderen sozialen Gemeinschaften abgrenzt. Die Kultur wird von den neuen Mitgliedern der Gemeinschaft erfahren und erlernt.
- **Immaterialität:** Die Kultur, das sind nicht die konkreten Verhaltensweisen, sondern die Formen, die diese Verhaltensweisen bestimmen. Sie sind überindividuell und überdauern die Zeit. Kultur ist ein immaterielles Phänomen, das sich nur durch Werte, Symbole und Geschichten beschreiben lässt.
- **Sichtbarkeit:** Kultur zeigt sich in der Sprache, den Normen und Verhaltensmustern der sozialen Organisation mit ihren Rollen und Spielregeln, den Arbeits- und Wirtschaftsformen und der Technik.

- **Handlungsleitende Funktion:** Kultur ist handlungsleitend. Sie bestimmt das Handeln und gibt eine Orientierung für die Entscheidung, was im konkreten Kontext passendes, was unpassendes Verhalten ist.

Welchen Einfluss die Kultur auf die Kommunikation hat, merken wir dann, wenn es zu Missverständnissen oder sogar zu Konflikten kommt. Typische Beispiele für Missverständnisse in der interkulturellen Kommunikation gibt es jede Menge.

Interkulturelle Missverständnisse

Japaner streben nach Harmonie und es fällt ihnen schwer, „Nein" zu sagen. Deshalb ist das „Ja" eines Japaners etwas anderes als das „Ja" eines Deutschen. Auf die Frage „Können Sie den Termin halten?" wird ein Japaner immer mit „Ja" antworten, aber dieses „Ja" kann mehrere Dinge bedeuten:

- *„Ja, ich kann ihn halten."*
- *„Ja, ich will ihn halten, glaube aber nicht daran."*
- *„Ja, ich habe Sie verstanden, glaube aber nicht, dass es ein sinnvoller Termin ist."*

Ein europäischer Projektleiter könnte aufgrund dieses Missverständnisses schnell verärgert sein, wenn er das „Ja" für ein europäisches „Ja" nimmt und der Japaner das versprochene Ergebnis nicht liefert.

Hotspots: Fettnäpfchen in der interkulturellen Kommunikation

Es gibt bestimmte Situationen, in denen es immer wieder zu Missverständnissen kommt, wenn Menschen aus verschiedenen Kulturen zusammentreffen. Ein typisches Beispiel dafür wäre etwa die erste Begegnung eines Japaners mit einer Spanierin: Während er sich bei der Begrüßung verbeugt, gibt sie ihm einen Kuss auf die Wange. Beide sind irritiert, was daher kommt, dass sich die Begrüßungsrituale beider Kulturen unterscheiden. In Japan ist eine Verbeugung üblich, in südeuropäischen und lateinamerikanischen Ländern ein Wangenkuss.

Hotspots sind Situationen, in denen sich die kulturellen Besonderheiten herauskristallisieren. In diesen Situationen treten kulturelle Unterschiede besonders deutlich hervor und sorgen für Irritationen, Missverständnisse und Konflikte.

Hotspots sind wie Fettnäpfchen. Wenn man sie nicht kennt, tritt man schnell hinein, ohne es zu merken. Um das zu vermeiden, sollten Sie mit den wichtigsten Hotspots vertraut sein, die im Folgenden beschrieben werden.

Begrüßung

Menschen begrüßen sich nicht nur mit Worten, sondern auch mit Gesten, wobei sie oft auch Körperkontakt haben. Die Schwierigkeit bei der Begrüßung ist, dass der andere eine bestimmte Verhaltensweise erwartet, die die seine ergänzt.

Während der Deutsche die Hand zur Begrüßung ausstreckt, umarmen sich Russen und geben sich einen Bruderkuss. Der Deutsche erwartet, dass seine ausgestreckte Hand angenommen wird. Der Russe erwartet zumindest eine Umarmung.

Begrüßungsrituale spiegeln auch den unterschiedlichen Umgang mit körperlicher Nähe und Distanz in verschiedenen Ländern wider. In südlichen Ländern begrüßen sich auch fremde Männer und Frauen im Geschäftsleben mit einem Wangenkuss – ein Verhalten, das in einem deutschen Büro so gut wie undenkbar ist. Schon der erste Kontakt zwischen Menschen unterschiedlicher Kulturen ist deshalb oft mit Problemen verbunden.

Wahl der Kommunikationssprache

Die Auswahl der Kommunikationssprache ist entscheidend für den weiteren Kontakt. Spricht man die Sprache des Gastlandes, bemüht sich der Gastgeber, die Sprache des Gastes zu sprechen, oder wird eine Transfersprache benutzt? Deutsche neigen dazu, sich der Sprache der anderen anzupassen, während Amerikaner davon ausgehen, dass alle Englisch sprechen. Die Wahl der Sprache entscheidet über die Qualität der Verständigung.

Ja und Nein sagen

Vor allem die Ablehnung wird in vielen Kulturen eher indirekt ausgedrückt, was zu Problemen auf beiden Seiten führt: Mit einem harten „Nein" kann man den Gesprächspartner in Asien brüskieren. Andererseits kann ein indirektes „Nein" von einem Europäer als „Ja" interpretiert werden. Ein „Ja" oder „Nein" veranlasst meist Handlungen oder Entscheidungen. Deshalb kann ein Missverständnis in dieser Frage weitreichende Konsequenzen haben.

Führung in Gesprächen

In reaktiven Kulturen hören die Gesprächspartner erst einmal zu, bevor sie reagieren. In eher aktiven Kulturen erwartet der Redner, dass man ihn unterbricht. Kommen Menschen aus reaktiven Kulturen in eine aktive Kultur, kommen sie so gut wie nie zu Wort. Damit ein Gespräch in Gang kommt und in Gang bleibt, muss klar sein, wer anfängt und wie der Gesprächspartner den Gesprächsfaden übernimmt.

Zuhören

Es gibt unterschiedliche Arten, zuzuhören: Japaner schließen die Augen, wenn Sie sich auf eine Sache konzentrieren. Europäer zeigen eher durch Blickkontakt, dass sie bei der Sache sind. Amerikaner zeigen durch Zwischenbemerkungen, dass sie den Ausführungen folgen, und Polen hören still zu. Will der Sprecher keinen Monolog halten, muss er die Gesten und die Mimik des Zuhörers interpretieren können, um zu wissen, ob das Thema seinen Gesprächspartner interessiert oder nicht.

Wahl des Gesprächsthemas

Man kann nicht über alles reden. In vielen Ländern gibt es Tabuthemen. Meistens gehören Geld, Sex und Alkohol dazu, oft aber auch Politik. Kulturelle Unterschiede gibt es auch bei der Frage, ob man über Dritte reden darf und ob Klatsch erlaubt ist. Zu wissen, über was man reden kann und über was nicht, ist gerade für die informellen Gespräche am Rande von offiziellen Besprechungen wichtig.

Umgang mit Schweigen

Schweigen ist eine längere Stille nach einem Redebeitrag. In europäischen Ländern ist es unhöflich, in Gesprächen zu schweigen. In Asien gilt es dagegen als Zeichen dafür, dass man zugehört hat und das Gesagte verarbeitet. Auch Schweigen ist folglich eine Form der Antwort, von der man wissen muss, wie sie zu interpretieren ist.

Umgang mit Kritik

Kritik, aber auch Lob sind in manchen Ländern problematisch, weil man sich dabei anmaßt, einen anderen beurteilen zu können. In einigen Kulturen kann schon ein Widerspruch als taktlos empfunden werden. Vor allem als Projektleiter brauchen Sie Fingerspitzengefühl, wenn Sie Mitarbeiter aus anderen Kulturen loben oder kritisieren.

Überzeugen

Menschen aus verschiedenen Kulturen versuchen auf unterschiedliche Art, andere zu überzeugen. Die deutsche Angewohnheit, mit Argumenten andere zu gewinnen, führt in vielen Kulturen nicht weit. In Finnland und Japan ist dieses Verhalten sogar unhöflich. In Italien reichen sachliche Argumente nicht aus, hier schätzt man wortreiche Erklärungen. Der Franzose wiederum erwartet einen Appell an die Vernunft, um sich überzeugen zu lassen. Da Sie als Projektleiter möglicherweise Mitarbeiter aus anderen Kulturen überzeugen müssen, sollten Sie mit diesen kulturellen Eigenheiten vertraut sein.

Im Teufelskreis durch kulturbedingte Kommunikationskonflikte

Erste Irritationen und Missverständnisse bei der Begegnung von Menschen aus unterschiedlichen Kulturen sind nicht schlimm. Für alle Beteiligten ist die Situation erst einmal fremd. Das hat den Vorteil, dass alle sich vorsichtig verhalten. Es kommt nur zu harmlosen Irritationen. Wiederholen sich jedoch die Missverständnisse und es findet sich keine Lösung, dann ist ein Teufelskreis unausweichlich.

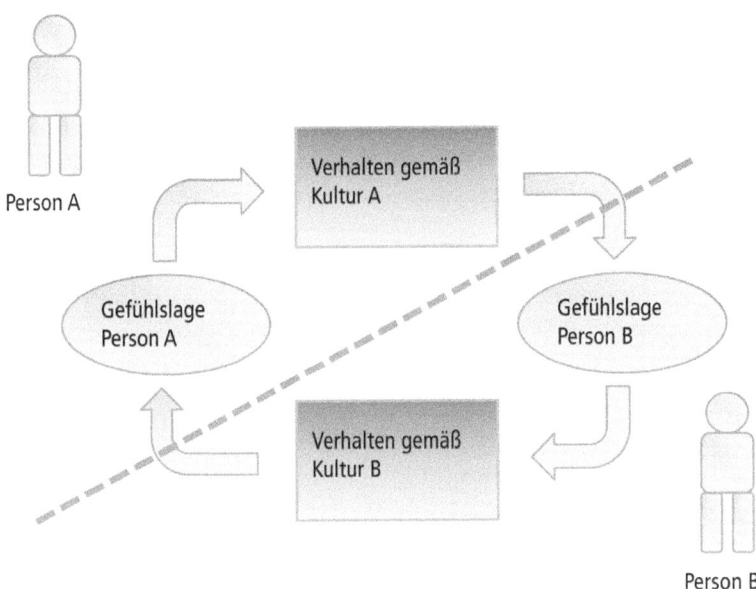

Person A

Verhalten gemäß
Kultur A

Gefühlslage
Person A

Gefühlslage
Person B

Verhalten gemäß
Kultur B

Person B

Abb. 17: Kulturelle Muster führen zu scheinbar unauflösbaren Konflikten.

Im Team des Projekts arbeitet eine Kollegin aus Spanien. Sie ist schon seit mehreren Jahren in Deutschland und weitgehend mit der deutschen Kultur vertraut. Es kommt nie vor, dass Sie bei der Erstellung eines Maßnahmenplans eine Aufgabe ablehnt oder sich beschwert, dass der vorgesehene Termin nicht zu halten sei. Doch im Nachhinein gibt es immer wieder Ärger, weil sie Termine nicht einhält oder nicht zu vereinbarten Treffen erscheint. Die Projektleiterin muss mit ihr immer wieder über dieses Thema reden, ohne dass sich etwas ändert.

Es entsteht ein Teufelskreis, wie er in Abbildung 17 dargestellt ist. Je mehr die Projektleiterin versucht, die spanische Kollegin auf Termine und Vereinbarungen zu verpflichten, umso öfter hält diese die Termine nicht ein und begründet dies immer damit, dass etwas anderes wichtiger sei.

Der Konflikt, der hier entsteht, ist kulturgeprägt: Zeit ist in der deutschen Kultur ein wertvolles Gut und es ist ein ehernes Gesetz, dass man sich an Verabredungen hält. In südeuropäischen Kulturen ist Zeit dagegen weniger wichtig und die Zeitplanung wird spontan an die jeweilige Situation angepasst. So vergisst die Kollegin aus Spanien einen verabredeten Termin, weil sie gerade in einem Telefonat ist, dass sie nicht beenden will – oder aus Ihrer Sicht nicht beenden kann. Das Telefonat hat ihre Zeitplanung verändert; sie tauscht spontan den vereinbarten Termin gegen das Telefonat.

Kulturgeprägte Konflikte

Dass sich die Projektleiterin im Beispiel über das Verhalten der spanischen Kollegin ärgert, ist verständlich. Allerdings verhält sich jeder in dieser Situation kulturgerecht. Nicht die Personen stehen in einem Interessenskonflikt, sondern die Kulturen, denen sie angehören. Dennoch zeigt sich der Konflikt auf der persönlichen Ebene.

Ziehen Sie bei Konflikten, die zwischen Personen unterschiedlicher Kulturen bestehen, immer in Erwägung, dass hier ein kultureller Konflikt zugrunde liegen könnte.

Kulturunterschiede bestimmen die Kommunikation

Die Kommunikation in unterschiedlichen Kulturen wurde 1987 von Mildred und Edward Hall untersucht. Die beiden fanden heraus, dass sich Kulturen tendenziell einem von zwei Kommunikationsstilen zuordnen lassen: dem kontextorientierten Stil oder dem direkten Stil.

In kontextorientierten Kulturen werden Gefühle und Gedanken nicht explizit ausgedrückt. Der jeweils andere muss diese sozusagen zwischen den Zeilen erschließen. In direkten Kulturen werden Gefühle und Gedanken direkt ausgedrückt.

Kontextorientierte Kulturen gibt es beispielsweise in arabischen Ländern, im Mittelmeerraum, in Lateinamerika und in Asien. In diesen Kulturen ist es üblich, zu vermeiden, dass die Harmonie gestört wird oder andere brüskiert werden. Der Kontext ist sozial oder situativ bedingt und kann aus der Körpersprache erschlossen werden. Der indirekte Kommunikationsstil dieser Kulturen ist dadurch gekennzeichnet, dass der Sender nicht das ausspricht, was er eigentlich denkt. Dagegen sagen Angehörige direkter Kulturen meist das, was sie denken. Typische Vertreter direkter Kulturen sind Schweizer, Skandinavier, Nordamerikaner und Mitteleuropäer. Der Unterschied zwischen den beiden Kommunikationsstilen tritt nur bei entsprechenden kulturellen Begegnungen hervor, wie zum Beispiel, wenn ein Deutscher und ein Japaner aufeinandertreffen.

Beispiel für den direkten Kommunikationsstil: „Bitte verändern Sie den Projektplan auf Grundlage der besprochenen Veränderungen." Der Empfänger der Botschaft kann jetzt tun, was von ihm gefordert wird, oder argumentieren, warum dies seiner Ansicht nach nicht sinnvoll ist. Der Vorteil dieser Kommunikation ist Klarheit. Jeder weiß, woran er ist. Der Nachteil: Der Empfänger könnte die Nachricht als unangemessen empfinden und gekränkt sein.

Beispiel für den kontextorientierten Kommunikationsstil: In einer kontextorientierten Kultur würde der gleiche Sachverhalt so ausgedrückt werden: „Es ist wichtig, dass wir immer die neuesten Daten im Projektplan haben. Vielleicht sollten wir diesen ändern." Der Empfänger kann auf diese Nachricht unterschiedlich reagieren. Er kann sie ignorieren, da sie keinen klaren Appell enthält, oder die Daten im Projektplan ändern, weil er den indirekten Appell versteht. Der Nachteil ist jedoch, dass Missverständnisse entstehen, wenn der Empfänger die wahre Absicht der Kommunikation nicht erkennt.

Stereotype geben Orientierung

Niemand möchte in eine Schublade gesteckt werden. Pauschale Aussagen, etwa dass Südländer unzuverlässig und Deutsche überkorrekt seien, werden dem Einzelnen meist nicht gerecht. Dennoch helfen uns diese Schubladen, uns in der kulturellen Vielfalt der Welt zu orientieren. Vereinfachungen und Generalisierungen spiegeln nicht das konkrete Verhalten wider, aber sie helfen, sich in der kulturellen Vielfalt zurechtzufinden. Generalisierungen der Kulturen werden auch Stereotype genannt.

Stereotype sind eine Form, wie Kulturen strukturiert werden können. Sie wurden aus Erfahrungen gewonnen und helfen uns, unser Verhalten auf andere Kulturen einzustellen.

Kultur-
dimensionen

Geert Hofstede und Fons Trompenaars haben Modelle entwickelt, welche Kulturen in verschiedenen Dimensionen beschreiben. Mit ihnen können wir uns in den verschiedenen Kulturen orientieren.

Hofstedes Kulturdimensionen

Geert Hofstede ist ein niederländischer Kulturexperte, der den Zusammenhang zwischen Unternehmenskultur und nationalen Kulturen untersuchte. Er kam zu dem Schluss, dass nationale Kulturunterschiede einen wesentlichen Einfluss auf das Verhalten der Mitarbeiter in Unternehmen haben. Hofstede beschreibt Kulturen nach folgenden fünf Dimensionen:

Machtdistanz: Die Machtdistanz gibt an, inwieweit eine Gesellschaft die ungleiche Verteilung von Macht akzeptiert. Hohe Machtdistanz steht dafür, dass Macht sehr ungleich verteilt ist, geringe Machtdistanz steht dafür, dass Macht gleichmäßiger verteilt ist.

Individualismus und Kollektivismus: In individualistisch orientierten Kulturen arbeiten die Mitglieder in Projekten eher alleine. Werte wie Ich-Erfahrung und Eigenverantwortung sind wichtig. In einer kollektivistischen Kultur dominiert dagegen die Integration in eine Gruppe. Entscheidungen werden gemeinsam gefällt und Arbeiten gemeinsam ausgeführt.

Maskulinität versus Femininität: Als feminine Werte zählt Hofstede Fürsorglichkeit, Kooperation und Bescheidenheit auf. Maskuline Werte sind hingegen Konkurrenzbereitschaft und Selbstbewusstsein. Männlich orientierte Kulturen sind leistungsorientiert und tragen Konflikte aus. In weiblich orientierten Kulturen gibt es Sympathie für Schwache und für Konflikte werden Verhandlungslösungen gesucht.

Unsicherheitsvermeidung: Diese Dimension beschreibt die Bereitschaft einer Kultur, Unsicherheiten zu akzeptieren. Kulturen, welche Unsicherheiten vermeiden wollen, haben viele festgeschriebene Gesetze und Richtlinien. Die Mitglieder sind emotionaler und nervöser. Kulturen, die Unsicherheit akzeptieren, sind tolerant und haben wenige Regeln, die im Zweifelsfall auch veränderbar sind.

Lang- oder kurzfristige Ausrichtung: Diese Dimension gibt an, wie groß der zeitliche Planungshorizont in einer Gesellschaft ist. Gesellschaften mit einer kurzfristigen Ausrichtung erwarten kurzfristige Ergebnisse und in Gesellschaften mit einer langfristigen Ausrichtung ist die Nachhaltigkeit der Maßnahmen entscheidend.

Trompenaars' Kulturdimensionen

Fons Trompenaars war ein Schüler von Geert Hofstede. Seine Kulturdimensionen sind Gegensatzpaare von Eigenschaften. Abbildung 18 auf Seite 146 stellt sein Modell dar.

Universalismus versus Partikularismus: In universalistischen Kulturen wie der nordamerikanischen gelten im Geschäftsleben klare Vereinbarungen, die durch Verträge besiegelt werden. In partikularistischen Kulturen werden geschäftliche Vereinbarungen mehr durch die Beziehungen der Geschäftspartner und die Umstände bestimmt.

Neutralität versus Emotionalität: Diese Dimension beschreibt, welche Gefühle gezeigt werden. In neutralen Gesellschaften wie

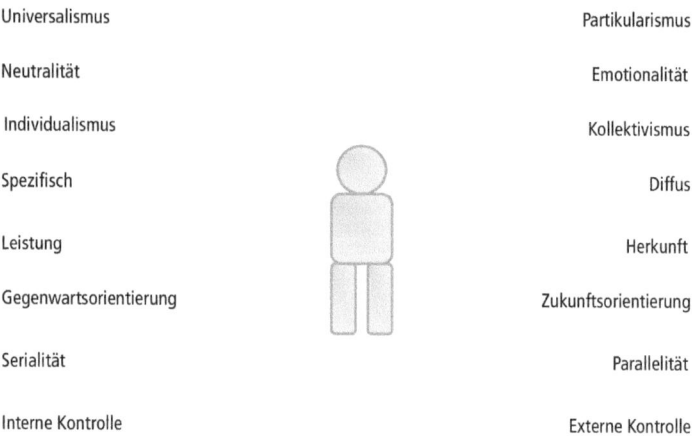

Universalismus	Partikularismus
Neutralität	Emotionalität
Individualismus	Kollektivismus
Spezifisch	Diffus
Leistung	Herkunft
Gegenwartsorientierung	Zukunftsorientierung
Serialität	Parallelität
Interne Kontrolle	Externe Kontrolle

Abb. 18: Trompenaars Kulturdimensionen geben eine Orientierung.

Thailand werden Gefühle nicht ausgedrückt, man lächelt, selbst wenn man ärgerlich ist. In gefühlsorientierten Kulturen, wie zum Beispiel in den südeuropäischen Ländern, werden Gefühle offen gezeigt, sodass Konflikte manchmal lautstark ausgetragen werden.

Individualismus versus Kollektivismus: In individualistisch orientierten Gesellschaften zeigen die Mitglieder ihre eigenen Ideen und treten als Personen in den Vordergrund. In kollektivistisch orientierten Gesellschaften wie zum Beispiel der japanischen werden sich die Mitglieder erst bei ihrer Gruppe rückversichern, bevor sie eine eigene Idee öffentlich äußern.

Spezifisch versus diffus: England ist ein Beispiel für eine Gesellschaft, die spezifisch orientiert ist. Arbeitsbeziehungen sind streng getrennt von den Beziehungen im Privatleben. In diffusen Gesellschaften wie Russland gelten Beziehungen in allen Gesellschaftsbereichen. Ein russischer Manager erwartet, dass er auch in seinem Privatleben als wichtige Persönlichkeit respektiert wird.

Leistung versus Herkunft: Diese Dimension beschreibt, wie Menschen in der Gesellschaft Macht und Einfluss gewinnen. In leistungsorientierten Gesellschaften, etwa in Australien, gewinnt man seinen Status durch die eigene, persönliche Leistung. In Gesellschaften, in denen die Herkunft zählt, ist es wichtig, eine gute Beziehung zu den einflussreichen Familien zu haben, um Macht und Einfluss zu gewinnen.

Gegenwartsorientierung versus Zukunftsorientierung: Gesellschaften mit einer Gegenwartsorientierung wie beispielsweise die südasiatischen orientieren sich mehr an den Ergebnissen, die in der Gegenwart erzielt werden. Die skandinavischen Gesellschaften, die zukunftsorientiert sind, planen in die Zukunft und versuchen diese Pläne zu realisieren. Strategieentwicklung und Planung haben dort vor allem im Geschäftsleben eine große Bedeutung.

Serialität versus Parallelität: In Gesellschaften, die zur Serialität tendieren, wie den USA, sind Abläufe kontrolliert und damit berechenbar. Menschen arbeiten Tätigkeiten hintereinander ab, sind pünktlich und halten sich an Vereinbarungen. In Gesellschaften, die dagegen eher zur Parallelität neigen, wie Mexiko, finden Aktivitäten parallel statt. Vereinbarungen geben nur einen ungefähren Zeitpunkt an. Persönliche Beziehungen sind wichtiger als Zeitpläne.

Interne Kontrolle versus externe Kontrolle: Gesellschaften, die sich an einer internen Kontrolle orientieren, versuchen die Umwelt zu kontrollieren und so einzurichten, dass sie den inneren Anforderungen entspricht. Ein Beispiel für eine solche Gesellschaft ist Kanada. Gesellschaften wie Nepal, die extern orientiert sind, versuchen in Übereinstimmung mit ihrer Umgebung zu handeln.

Aus den Kulturdimensionen von Trompenaars kann man ableiten, wie sich diese auf das Kommunikationsverhalten zwischen Kulturen auswirken. Dies zeigen die folgenden Beispiele, die sich an Kathrin Kösters *International Project Management* orientieren:

Kommunikations-verhalten

Hierarchieorientierung: In hierarchieorientierten Kulturen zögern Menschen, Nachrichten, vor allem negative, an Höhergestellte zu übermitteln. Sie achten sehr darauf, was sie wem sagen. Als Projektleiter können Sie nicht erwarten, dass Ihre Teammitglieder alle Probleme auf den Tisch legen. Dies ist in weniger hierarchieorientierten Kulturen anderes. Hier können Sie erwarten, dass die Probleme auf den Tisch kommen.

Gruppe versus Individuum: In gruppenorientierten Gesellschaften werden im E-Mail-Verkehr möglichst alle vom Thema Betroffenen auf CC gesetzt. Man möchte, dass die eigene Community informiert ist. In Gesellschaften, die sich eher am Individuum orientieren, werden Nachrichten nur zwischen Sender und Empfänger ausgetauscht. Auch beim Inhalt der Nachrichten gibt es einen Unterschied: Gruppenorientierte Kulturen richten sich bei ihren Nachrichten an den Erwartungen der Empfänger aus. Erwarten diese positive Nachrichten, dann werden sie auch positive Nachrichten bekommen. In am Individuum orientierten Gesellschaften ist es dagegen üblich, sich auf den Sachverhalt zu konzentrieren und das zu übermitteln, was aus der Sachlage heraus erforderlich erscheint.

Umgang mit Konflikten: Von Projektmitgliedern oder Stakeholdern aus konsensorientierten Gesellschaften können Sie nicht erwarten, dass diese Konflikt offen aussprechen, da ihnen Harmonie wichtig ist. Stattdessen werden sie versuchen, Konflikte indirekt zur Sprache zu bringen. Hier müssen Sie auf Zwischentöne achten, um herauszubekommen, ob es einen Konflikt gibt. Anders ist dies bei konfliktorientierten Gesellschaften: Konflikte werden offen angesprochen, ohne auf die Atmosphäre zu achten. Hier eskalieren Konflikte schneller, weil Mitglieder dieser Gesellschaften keine Rücksicht auf persönliche Befindlichkeiten nehmen.

Beziehung versus Handlung: In beziehungsorientierten Gesellschaften werden Themen und Probleme ganzheitlich angesprochen. Teammitglieder achten darauf, dass auch deren persönliche Konsequenzen mitbehandelt werden. Es kommt vor, dass man sich dabei in Diskussionen verliert, weil gleichzeitig zu viele Aspekte eines Themas angesprochen werden. In handlungsorientierten Gesellschaften kommt nur der Bezug zum aktuellen Thema auf den Tisch. Diskussionen verlaufen strukturiert und sind zielgerichtet.

Kulturbedingtes Verhalten

Wird einer Kultur ein bestimmtes Verhalten zugeschrieben, heißt das nicht, dass sich alle Mitglieder dieser Kultur immer so verhalten. Sie können situationsbedingt vom typischen Verhalten abweichen oder es mehr oder weniger ausgeprägt zeigen. Es lassen sich jedoch typische Verhaltensweisen feststellen, die eine Orientierung bieten können bei der Gestaltung der interkulturellen Zusammenarbeit in Projekten.

So kommunizieren Sie gut in interkulturellen Projekten

- Hinterfragen Sie Aussagen, anstatt sie lediglich aus Ihrem eigenen kulturellen Hintergrund heraus zu interpretieren.
- Ziehen Sie persönliche Kommunikation vor. Sie hat den Vorteil, dass Ihnen die Körpersprache bei der Interpretation der Aussagen hilft.
- Antworten Sie bei E-Mails nicht sofort, wenn Sie nicht sicher sind, wie der Empfänger die Nachricht auffassen wird.
- Trainieren Sie sich im Zuhören und auf das Wahrnehmen von Zwischentönen.
- Seien Sie geduldig; erklären Sie Sachverhalte mehrmals und wenn nötig auch mit zusätzlichen Erläuterungen.
- Nutzen Sie Feedback, um sicherzugehen, dass Sie richtig verstehen und richtig verstanden werden.
- Formulieren Sie Ergebnisse schriftlich und senden Sie diese Ihren Gesprächspartnern.
- Planen Sie ausreichend Zeit für die Kommunikation ein. Sie wird länger dauern als in einer homogenen Gruppe.
- Seien Sie neugierig auf andere Kulturen und bringen Sie Ihren Gesprächspartnern Interesse entgegen.

Eine interkulturelle Projektkultur gestalten

Je besser wir die Kultur unserer Partner kennen, umso besser können wir das interpretieren, was diese sagen oder schreiben. Noch wichtiger ist es aber, eine gemeinsame Projektkultur zu entwickeln, die einen Interpretationsrahmen bildet, der es allen Mitgliedern ermöglicht, Nachrichten zu verstehen. Die radikalste Methode, um dies zu erreichen, besteht darin, dass eine Kultur die Vorherrschaft erhält und sich alle anderen daran anpassen müssen. Die bessere Alternative ist jedoch, die Entwicklung einer gemeinsamen, interkulturellen Kultur zu fördern, in der sich alle Projektmitglieder wiederfinden.

Treffen verschiedene Kulturen aufeinander, gibt es kein Richtig oder Falsch. Denn diese Urteile gelten nur innerhalb einer bestimmten Kultur, deren Regeln man befolgen oder brechen kann, nicht aber im interkulturellen Miteinander. In einer neuen Projektkultur sind erst einmal alle Verhaltensweisen gleichberechtigt. Dies erfordert jedoch die Bereitschaft der Projektmitglieder, sich mit fremden und vielleicht auch unbequemen Denk- und Handlungsmustern auseinanderzusetzen.

Kulturelle Unterschiede können bei internationalen Projekten sogar zu einer höheren Produktivität führen. Denn solche Projekte zeichnen sich durch eine große Vielfalt und viel kreatives Potenzial aus. Wenn dann die Bereitschaft dazukommt, aus dieser Vielfalt die für die konkrete Projektsituation am besten passenden Lösungen auszuwählen, entwickelt sich die dazu passende Projektkultur wie von selbst.

Eine Projektkultur mit eigenen Verhaltensmustern hilft auch dabei, kulturbedingte Konflikte zu lösen. Dazu kann der Werte- und Entwicklungsquadrant von Schulz von Thun genutzt werden. Das Modell eines solchen Werte- und Entwicklungsquadranten ist in Abbildung 19 dargestellt.

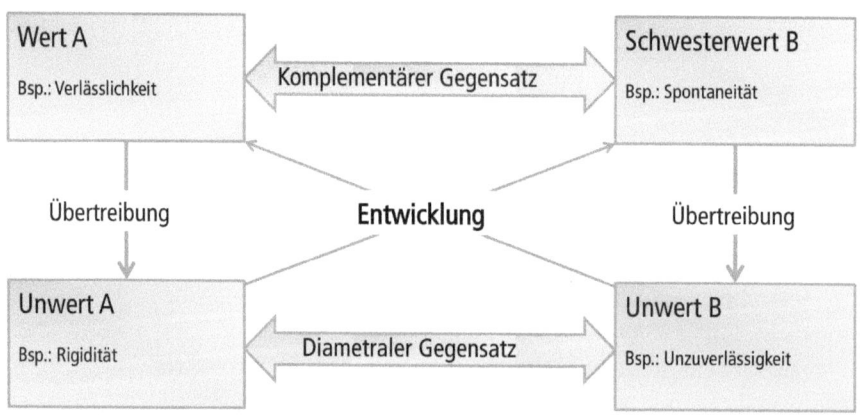

Abb. 19: Dies ist der Werte- und Entwicklungsquadrant für das Wertepaar Verlässlichkeit/Spontaneität.

Nach der Theorie von Schulz von Thun verkommt jeder Wert zu einem Unwert, wenn er übertrieben und verabsolutiert wird. Im zuvor bereits beschriebenen Beispiel der spanischen Kollegin verkommt Verlässlichkeit, der Wert der deutschen Projektleiterin, zu Rigidität. Ebenso verkommt aufseiten der Spanierin der Wert der Spontaneität zum Unwert der Unzuverlässigkeit.

Treffen Mitglieder von zwei sich fremden Kulturen aufeinander, kann Folgendes passieren: Im Wert der jeweils anderen Kultur wird nur der Unwert gesehen, während der Wert der eigenen Kultur als besonders erstrebenswert empfunden wird. Während jeder von sich denkt, dass er entsprechend der positiven Werte im oberen Teil des Wertequadranten handelt, denkt er vom anderen, dass dessen Verhalten sich an Unwerten ausrichtet. Im Beispiel denkt die deutsche Projektleiterin, sie selbst sei verlässlich und die spanische Kollegin sei unzuverlässig. Die spanische Kollegin versteht sich dagegen als spontan und empfindet die deutsche Projektleiterin als rigide. Daraus entstehen dann Vorwürfe.

Der Wertequadrant zeigt aber nicht nur das Konfliktpotenzial auf, sondern verweist auch darauf, dass sich Werte gegenseitig ergänzen. So können Verlässlichkeit und Spontaneität in eine Balance gebracht werden. Im Beispiel müssten dazu beide von der starren Wertehaltung abrücken. Die deutsche Projektleiterin sollte sich selbst mehr Spontaneität zugestehen und die spanische Kollegin verlässlicher werden. Auf diese Weise entsteht eine neue, projektbezogene Kultur, die für das Projektteam gilt. Sie könnte sich etwa darin äußern, dass ein Maßnahmenplan auch kurzfristig geändert werden kann, wenn die Projektmitglieder darüber informiert werden.

Transfersprache: Transportmittel und Hindernis

Weltweit gibt es 6500 Einzelsprachen, eine babylonische Sprachenvielfalt, auch wenn 80 Prozent der Menschheit eine von nur 50 Sprachen spricht. Wenn in internationalen Projekten Menschen mit unterschiedlichen Muttersprachen zusammentreffen, müssen sie sich über eine sogenannte Transfersprache verständigen. In der

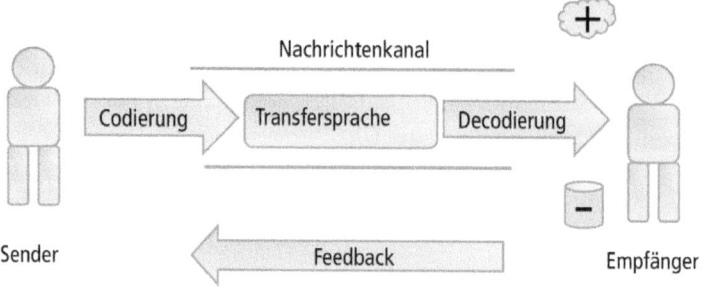

Abb. 20: Codierung und Decodierung sind das Nadelöhr bei Verständigung mit einer Transfersprache.

Geschichte gab es unterschiedliche Transfersprachen: Im Mittelalter war in Europa Latein die Transfersprache, nach den Eroberungen Napoleons wurde es dann Französisch. Es wurde durch Englisch abgelöst, das bis heute die vorherrschende Transfersprache ist. Die Wirkungsweise einer Transfersprache zeigt das in Abbildung 20 dargestellte Kommunikationsmodell.

Folgen für die Kommunikation

In der biblischen Erzählung vom Turmbau zu Babel wollte Gott durch die Sprachverwirrung verhindern, dass es den Menschen gelingt, einen Turm bis zum Himmel zu bauen. Und so überrascht es nicht, dass man auch bei vielen internationalen Projekten den Eindruck hat, dass die Vielsprachigkeit der Projektmitglieder den Erfolg des Projekts verhindert. Haben die Projektmitglieder und Stakeholder in einem Projekt verschiedene Muttersprachen, wird heute meistens Englisch als gemeinsame Sprache genutzt. Das hat jedoch Folgen für die Kommunikation:

- Nicht alle können die Transfersprache gleich gut. Abhängig von ihrer Sprachfähigkeit brauchen manche Menschen länger, um einen Text zu schreiben oder etwas zu erklären.
- Menschen können in einer Fremdsprache nicht das sagen, was sie sagen wollen, sondern nur das, was sie sagen können. Damit gehen viele Ideen und Aspekte in der Kommunikation verloren.

Die Kompetenzen der Projektmitglieder werden nicht richtig eingeschätzt. Jemand, der perfekt Englisch spricht, wirkt kompetenter als jemand, der Schwierigkeiten hat, sich auf Englisch auszudrücken. Die fachliche Kompetenz kann jedoch genau umgekehrt verteilt sein.

Sprechen alle die gleiche Sprache, dann haben die Kommunikationspartner nicht nur den gleichen Code, sondern auch eine vergleichbare Fähigkeit, zu codieren und zu decodieren. Bei einer Transfersprache ist dies anders. Die Fähigkeit, eine Nachricht zu codieren, hängt davon ab, wie gut der Kommunikationspartner die Sprache beherrscht. Dabei sind vier unterschiedliche Fähigkeiten zu unterscheiden:

- Leseverständnis
- Hörverständnis
- Sprechfähigkeit
- Schreibfähigkeit

Sprechfähigkeit und Schreibfähigkeit sind entscheidend für die Codierung, das Hör- und Leseverständnis für die Decodierung.

Die Kommunikation gelingt dann, wenn der Empfänger der Nachricht diese korrekt decodieren kann. Unterhalten sich zwei Menschen mit unterschiedlicher Muttersprache auf Englisch miteinander, dann wird die Nachricht abhängig von der Sprachfähigkeit mehr oder weniger korrekt codiert. Die ersten Fehler entstehen bei der Codierung. So ist schon die Nachricht, die übermittelt wird, nicht korrekt. Sie wird dann decodiert, wobei auch hier wiederum in Abhängigkeit von der Sprachfähigkeit Fehler gemacht werden. Es ist ein typischer Irrtum von Muttersprachlern, insbesondere von englischsprachigen, dass sie davon ausgehen, ihr Gegenüber würde alles verstehen, weil sie ja eine korrekte Nachricht übermittelt haben. Wenn diese aber nur teilweise oder falsch decodiert wird, dann ist die Kommunikation misslungen. Ob die Kommunikation gelingt, hängt vom schwächsten Glied in der Kette ab. Es reicht nicht aus, wenn einige Mitglieder im Team gut Englisch sprechen, sondern es kommt darauf an, dass das gesamte Team ein gutes Sprachniveau hat.

Sprachniveau des Teams

Keiner spricht eine Fremdsprache perfekt. Tolerieren Sie Fehler, wenn dadurch keine Missverständnisse produziert werden. Es ist besser, der Sprachfluss klappt, als dass sich jeder zurückhält aus Angst, etwas Falsches zu sagen.

Gemeinsamer Europäischer Referenzrahmen

Es gibt unterschiedliche Systematiken, mit denen die Sprachfähigkeit beschrieben werden kann. Der Gemeinsame Europäische Referenzrahmen für Sprachen (GER) unterteilt die Sprachniveaus in sechs Stufen:

- **A1:** Elementare Kenntnisse der Sprache; alltägliche Ausdrücke und ganz einfache Sätze verstehen und verwenden.
- **A2:** Nachweis folgender elementarer Kenntnisse der Sprache: alltägliche, einfache Sätze und Ausdrucksweisen verstehen.
- **B1:** Nachweis über Grundkenntnisse der Sprache, die zur mündlichen und schriftlichen Verständigung notwendig sind und es erlauben, einfach strukturierte Gespräche zu führen.
- **B2:** Nachweis über sehr gute allgemeine Kenntnisse der Sprache, die in den üblichen Alltagssituationen benötigt werden.
- **C1:** Nachweis für sehr gute Sprachkenntnisse, die eine Verständigung in jeglicher Situation ermöglichen, auch wenn es sich dabei um abstrakte oder komplexe Themenbereiche handelt.
- **C2:** Nachweis über ausgezeichnete Kenntnisse der Fremdsprache, die eine Verständigung auf gehobenem Niveau ermöglichen.

Im Projektumfeld ist ein Sprachniveau von C1 bei allen Beteiligten wünschenswert. Beherrschen die Kommunikationspartner Englisch auf diesem Niveau, dann gibt es kaum noch Missverständnisse, die auf eine mangelnde Sprachbeherrschung zurückzuführen sind.

Mündliche Kommunikation

Bei der mündlichen Kommunikation gibt es eine weitere Besonderheit: die Aussprache. Inder beispielsweise sprechen meist fließend Englisch, doch beim ersten Kontakt verstehen Europäer sie wegen ihrer Aussprache oft nicht. Beim Spracherwerb übertragen viele Menschen die Betonung und die Sprachmelodie der Muttersprache auf die Transfersprache. Obwohl Wortwahl und Grammatik korrekt sind, muss sich der Hörer erst an den Akzent gewöhnen.

Um die Kommunikation mithilfe einer Transfersprache trotz dieser
Hürden zu bewältigen, sollten Sie eine Reihe von Tipps beherzigen.
Die folgenden Hinweise gelten für Situationen, in denen Sie eine
Fremdsprache sprechen:

- Begrenzen Sie die Anzahl der Teilnehmer. In kleineren Gruppen
  fällt es leichter, sich in einer Sprache auszudrücken, in der man
  nicht so geübt ist.
- Setzen Sie sich nicht unter Druck, perfekt sprechen zu müssen.
  Nutzen Sie jede Situation als Chance, Ihre Sprachfähigkeit zu ver-
  bessern.
- Verwenden Sie nur eindeutige Begriffe. Versuchen Sie zu ver-
  meiden, dass durch einen ähnlichen Begriff mit völlig anderer
  Bedeutung Missverständnisse entstehen. (Beispiel: „look out"
  = „vorsichtig sein"; „look for" = „suchen".)
- Vermeiden Sie Kurzformen. (Beispiel: „I will" statt „I'll".)
- Unterstreichen Sie Worte mit Gesten und Handbewegungen.
- Visualisieren Sie Ihre Ausführungen.
- Hören Sie konzentriert zu, wenn andere reden.
- Fragen Sie nach, wenn Sie denken, dass Sie etwas nicht verstan-
  den haben.
- Schreiben Sie ein Protokoll oder ein Memo. Damit stellen Sie
  sicher, dass alle das Besprochene richtig verstanden haben.

Es kann auch sein, dass Ihr Gesprächspartner Ihre Sprache beherrscht, sodass Sie in Ihrer Muttersprache kommunizieren können. Doch auch dann ist die Kommunikation nicht unbedingt einfacher. Beachten Sie deshalb folgende Hinweise, wenn Sie mit einem
Nicht-Muttersprachler sprechen:

- Sprechen Sie sehr langsam und deutlich und machen Sie am
  Ende der Ausführungen eine Pause.
- Achten Sie darauf, dass der Gesprächspartner Ihren Mund sehen
  kann, und begleiten Sie die Worte mit Gesten.
- Reduzieren Sie Ihren Wortschatz auf die gebräuchlichen Wörter
  und vermeiden Sie Spezialausdrücke.
- Sprechen Sie keinen Dialekt oder Jargon und verwenden Sie
  keine Redensarten.
- Prüfen Sie, ob Sie verstanden wurden.

Kultur ist ein System informeller Regeln, die beschreiben, wie die Mitglieder einer Kultur sich die meiste Zeit über verhalten sollen. Sie hilft zu entscheiden, wie man sich in einer konkreten Situation verhalten soll.

Kulturelle Unterschiede zeigen sich in **Hotspots**. Dies sind Situationen, bei denen es immer wieder zu Missverständnissen, Irritationen und Konflikten kommt, wenn Menschen unterschiedlicher Kulturen aufeinandertreffen.

In **kontextorientierten Kulturen** werden Gefühle und Gedanken eher indirekt ausgedrückt. In direkten Kulturen werden sie offen geäußert.

Mit den **Kulturdimensionen** von Hofstede und Trompenaars können kulturelle Unterschiede beschrieben werden. Aufgrund der Ausprägungen in den Kulturdimensionen entsteht das für eine Kultur charakteristische Kommunikationsverhalten.

In internationalen Projekten wird meist die **Transfersprache** Englisch gesprochen. Wenn Menschen in einer Fremdsprache kommunizieren, besteht jedoch die Gefahr, dass sie nicht das sagen, was sie sagen wollen, sondern nur das, was sie sagen können.

9. Verbesserungsprozess Kommunikation: die Qualität der Kommunikation im Projekt steigern

Lernen ist wie das Rudern gegen den Strom.
Sobald man aufhört, treibt man zurück.

BENJAMIN BRITTEN

Kein Projektleiter ist ein perfekter Kommunikator. Denn Kommunikation ist keine Fähigkeit, die man einmal erlernt und dann für immer und in jeder Situation beherrscht. Jeden Tag steht ein Projektleiter vor neuen Herausforderungen, in denen es auf seine kommunikativen Fähigkeiten ankommt. Immer wieder andere Stakeholder, neue Strukturen und moderne Technologien verändern das Umfeld, in dem er kommunizieren muss, und immer wieder ist das auch eine Chance, Neues zu lernen. Während seiner Laufbahn macht ein Projektleiter Erfahrungen mit den unterschiedlichsten Stakeholdern und ihren typischen Kommunikationsgewohnheiten, doch auch nach Jahren trifft er noch auf Stakeholder, die anders sind als alle, die er bisher kannte. Dies gilt vor allem für die Arbeit in internationalen Projekten. Einem erfolgreichen Projektleiter werden immer neue und meist immer größere und komplexere Projekte übertragen. Deshalb muss er lernen, immer differenziertere Kommunikationsstrukturen für immer mehr Stakeholder aufzubauen. Auch der technologische Wandel im Bereich der Kommunikation ist nicht zu unterschätzen: Waren E-Mails vor der Jahrtausendwende noch eine Ausnahme, so sind sie heute der Grundpfeiler der Kommunikation.

Wenn Sie als Projektleiter dauerhaft erfolgreich sein wollen, dann müssen Sie mit diesem Wandel Schritt halten und Ihre Kommunikationsfähigkeiten ständig weiter ausbauen, und zwar auf drei Ebenen:

Persönliche Kommunikationsfähigkeiten

Den größten Teil des Tages reden Sie mit anderen Menschen. Die Kommunikation gelingt mal gut, mal weniger gut. Nutzen Sie die besonders guten und die weniger gelungenen Erfahrungen als Lernchance. Wenn Sie Erfolg hatten, dann fragen Sie sich: „Was ist gut gelungen und warum? Was war mein Beitrag und was der Beitrag meiner Kommunikationspartner?" Aber auch Misserfolge sollten Sie hinterfragen: „Was lief schief und warum? Welche meiner Verhaltensweisen haben dazu geführt, dass es nicht so gut lief? Was hätte ich anders machen können?" Wenn Sie die Ergebnisse dieser Reflexion aufschreiben, erhalten Sie eine Sammlung sowohl Ihrer kommunikativen Stärken als auch der Bereiche, an denen Sie arbeiten sollten. Nehmen Sie sich diese Liste immer wieder vor. Sie gibt Ihnen auch einen Hinweis darauf, welches Seminar oder Coaching Sie auf bestimmte Kommunikationssituationen besser vorbereiten kann.

Kommunikationsmanagement im Projekt

Kommunikationspläne steuern die Kommunikation im Projekt. In der Nachschau sind sie eine Sammlung von Lösungen für künftige Projekte. Denn viele Kommunikationssituationen in Projekten ähneln einander und lassen sich mit ähnlichen Kommunikationsstrukturen bewältigen. Optimieren Sie Ihren Kommunikationsplan in der Rückschau, indem Sie sich fragen: „Wie würde ich aufgrund meiner Erfahrungen in diesem Projekt jetzt den Kommunikationsplan strukturieren?" Legen Sie sich eine persönliche Datenbank für Ihre Projekterfahrungen an und speichern Sie die Kommunikationspläne, aber auch Templates und besonders gelungene Texte. Früher oder später werden Sie in dieser Datenbank Lösungen wiederentdecken und sich so in einem neuen Projekt Arbeit ersparen. Sammeln Sie auch kleine Erfahrungsberichte. Auf diese Lessons Learned können Sie immer wieder zurückgreifen und so vermeiden, dass Sie einen Fehler zweimal machen.

Medien der Kommunikation

Gerade die letzten Jahre haben gezeigt, dass sich die Kommunikationsmedien stark verändern. Es eröffnen sich immer neue Möglichkeiten, miteinander zu kommunizieren. Die neuen Technologien können die Kommunikation im Projekt effektiver und effizienter machen, wenn sie sinnvoll eingesetzt werden. Damit Ihnen das gelingt, brauchen Sie drei Fähigkeiten: einmal Neugier, das heißt den Wunsch, herauszufinden, was diese Medien alles können; zweitens Kreativität, um diese Möglichkeiten in der Kommunikation im Projekt einzusetzen, und drittens Geduld, denn es wird nicht alles von Anfang an klappen und nicht jedes neue Medium bereichert die Kommunikation im Projekt. Nutzen Sie die neuen Möglichkeiten, legen Sie aber auch immer wieder eine Pause ein, um zu reflektieren: „Was hat das neue Medium gebracht? Wobei hat es geholfen und wo hat es stattdessen die Kommunikation behindert?" Dadurch finden Sie die Balance zwischen dem Bewahren der gewohnten und bewährten Kommunikationswege und dem Entdecken von neuen Kommunikationsmöglichkeiten.

Gute Kommunikation entsteht nicht von allein, denn sie ist Wirkung und nicht Absicht. Nicht das, was Sie sagen wollen, entscheidet über den Erfolg Ihrer Kommunikation, sondern das, was beim Empfänger ankommt. Deshalb sind die drei großen Leitfragen der Kommunikation im Projekt:

Empfehlung

- Was muss ich tun, damit das, was ich sagen will, beim Empfänger ankommt?
- Wie muss ich die Kommunikation organisieren, damit jeder die Informationen erhält, die er braucht?
- Welche Medien helfen mir, meine Botschaften effektiv und effizient zu übermitteln?

Diese Fragen müssen Sie für jedes Projekt neu beantworten. Dieses Buch enthält Anregungen, wie Sie die Kommunikation in Ihren Projekten verbessern können. Der Erfolg stellt sich aber erst ein, wenn Sie diese Anregungen in Ihren Projekten umsetzen und auch aus den Erfahrungen lernen, um die Kommunikation im Projekt ständig zu verbessern. Für diesen Weg wünsche ich Ihnen alles Gute!

Verzeichnis
der Checklisten

Literaturverzeichnis

Angermeier, Georg: *Projektmanagement-Glossar. Projektmanagement-Fachbegriffe verständlich und normgerecht erklärt.* Projekt Magazin, www.projektmagazin.de/glossar (eingesehen am: 20.7.2013).

Bohinc, Tomas: *Projektmanagement. Soft Skills für Projektleiter.* Offenbach: GABAL 2006.

Bohinc, Tomas: *Grundlagen des Projektmanagements. Methoden, Techniken und Tools für Projektleiter.* Offenbach: GABAL 2010.

Bohinc, Tomas: *Führung im Projekt.* Berlin u. a.: Springer 2012.

Bohinc, Tomas: *Telefonkonferenzen erfolgreich führen. Vorbereitung – Durchführung – Nachbereitung.* Wien: Linde 2012.

Borgert, Stephanie: *Holistisches Projektmanagement. Vom Umgang mit Menschen, Systemen und Veränderungen.* Berlin u. a.: Springer 2012.

Europarat (Rat für kulturelle Zusammenarbeit): *Gemeinsamer europäischer Referenzrahmen für Sprachen: lernen, lehren, beurteilen.* München: Langenscheidt 2001.

Freitag, Matthias u. a.: *Projektkommunikation. Strategien für temporäre soziale Systeme.* Wiesbaden: VS Verlag für Sozialwissenschaften 2011.

Friedrich, David: *Projektmarketing. Grundlagen und Instrumente für den Projekterfolg.* Saarbrücken: Vdm Verlag Dr. Müller 2005.

Gilsa, Maren von; Huber, Rita; Ruß, Thorsten: *Virtuelle Projektarbeit. Leitfaden für die Praxis.* Berlin: Erich Schmidt Verlag 2004.

Hall, Edward T.: *The Dance of Life: The Other Dimension of Time,* New York: Anchor Books 1989.

Hall, Edward T.: *Beyond Culture,* New York: Anchor Books 1989.

Hansel, Jürgen; Lomnitz, Gero: *Projektleiter-Praxis: Erfolgreiche Projektabwicklung durch verbesserte Kommunikation und Kooperation.* Berlin u. a.: Springer 1993.

Heringer, Hans-Jürgen: *Interkulturelle Kommunikation. Grundlagen und Konzepte.* Tübingen. UTB 2010.

Köster, Kathrin: *International Project Management,* London: Sage 2009.

Kruse, Peter: *next practice. Erfolgreiches Management von Instabilität. Veränderung durch Vernetzung.* Offenbach: GABAL 2004.

Lasswell, Harold D.: *The Structure and Function of Communication in Society.* In: Bryson, Lyman (Hrsg.): *The Communication of Ideas. A Series of Addresses.* New York: Harper and Brothers 1948.

Langer, Inghard; Schulz von Thun, Friedemann; *Tausch, Reinhard: Sich verständlich ausdrücken.* 9., völlig neu gestaltete Aufl. München: Reinhardt 2011.

Linker, Wolfgang J.: *Kommunikative Kompetenz: weniger ist mehr! Die Mikromuster der Impuls-Kommunikation.* Offenbach: GABAL 2009.

Kumbier, Dagmar; Schulz von Thun, Friedemann (Hrsg.): *Interkulturelle Kommunikation: Methoden, Modelle, Beispiele.* Reinbek bei Hamburg: Rowohlt 2013.

Nagel, Katja: *Professionelle Projektkommunikation: Mit sechs Fallbeispielen aus unterschiedlichen Branchen.* Wien: Linde 2012.

Patzak, Gerold; Rattay, Günter: *Project Management. Guideline for the management of projects, project portfolios, programs, and project-oriented companies.* Wien: Linde 2012.

PMI Institute: *A Guide to the Project Management Body of Knowledge (PMBOK® Guide).* 5th Ed. 2013.

Pritchard, Carl L.: *The Project Management Communications Toolkit.* Norewood: Artech House 2004.

Scheler, Uwe: *Erfolgsfaktor Networking. Mit Beziehungsintelligenz die richtigen Kontakte knüpfen, pflegen und nutzen.* München: Piper 2004.

Ruch, Floyd L.; Zimbardo, Philip G.: *Lehrbuch der Psychologie. Eine Einführung für Studenten der Psychologie, Medizin und Pädagogik.* Berlin u. a.: Springer 1975.

Skambraks, Joachim; Lörcher, Michael: *Projekt-Marketing. Wie ich mich und mein Projekt erfolgreich mache.* Offenbach: GABAL 2002.

Schulz von Thun, Friedemann: *Miteinander reden 1. Störungen und Klärungen. Allgemeine Psychologie der Kommunikation.* Reinbek bei Hamburg: Rowohlt 2005.

Schulz von Thun, Friedemann: *Miteinander reden 2. Stile, Werte und Persönlichkeitsentwicklung.* Reinbek bei Hamburg: Rowohlt 2005.

Schulz von Thun, Friedemann: *Miteinander reden 3. Das „innere Team" und situationsgerechte Kommunikation.* Reinbek bei Hamburg: Rowohlt 2005.

Seifert, Josef W.: *Visualisieren, Präsentieren, Moderieren.* Offenbach: GABAL 2003.

Spies, Stefan: *Authentische Körpersprache. Ihr überzeugender Auftritt im Beruf – Erfolgsstrategien eines Regisseurs.* Hamburg: Hoffmann und Campe 2004.

Tumuscheit, Klaus: *Alle ziehen am selben Strang. 55 Mythen des Projektmanagements.* Zürich: Orell Füssli Verlag 2013.

Weaver, Warren; Shannon, Claude Elwood: *Mathematische Grundlagen in der Informationstheorie.* München, Wien: Oldenbourg 1976.

Weisbach, Christian-Rainer; Sonne-Neubacher, Petra: *Professionelle Gesprächsführung. Ein praxisnahes Lese- und Übungsbuch.* München: dtv-Beck 2008.

Westley, Bruce; MacLean, Malcolm: *A conceptual model for mass communication research.* In: Journalism Quarterly, 34. Jg., 1957.

Watzlawick, Paul u. a.: *Menschliche Kommunikation. Formen, Störungen, Paradoxien.* Bern: Verlag Hans Huber 2003.

Wondratschek, Wolf: *Früher begann der Tag mit einer Schusswunde,* München: dtv 1992 (Originalausgabe).

Stichwortverzeichnis

Der Autor

Dr. Tomas Bohinc kann auf langjährige Erfahrungen in einem großen Unternehmen zurückblicken. Seit 1984 ist er für die Deutsche Telekom AG und ihre Vorgängerorganisationen in unterschiedlichen Bereichen tätig.

Er studierte Physik und Nachrichtentechnik sowie Philosophie, absolvierte ein Postgraduiertenstudium im Bereich Team- und Organisationsentwicklung und ist beim PMI-Institut als Project Management Professional zertifiziert. Seit 2001 ist er bei T-Systems, einem Tochterunternehmen der Deutschen Telekom AG, tätig und dort unter anderem für die Qualifizierung von Projektleitern verantwortlich.

Er ist Autor mehrerer Bücher, darunter *Grundlagen des Projektmanagements*, *Projektmanagement: Softs Skills für Projektleiter* und *Führung im Projekt*. Darüber hinaus veröffentlich er zum Thema Projektmanagement regelmäßig Artikel im Projekt Magazin.

Dr. Tomas Bohinc, Waldstraße 52, 64569 Nauheim,
E-Mail: tomas@bohinc.de
Internetseite: www.bohinc.de

Kontaktadresse
des Autors